电力系统安全稳定分析与控制研究

薛 彪◎著

中国出版集团 现代出版社

图书在版编目（CIP）数据

电力系统安全稳定分析与控制研究 / 薛彪著. -- 北京 : 现代出版社, 2022.11
ISBN 978-7-5143-9989-9

Ⅰ. ①电… Ⅱ. ①薛… Ⅲ. ①电力系统稳定－系统安全分析②电力系统稳定－稳定控制 Ⅳ. ①TM712

中国版本图书馆CIP数据核字(2022)第216454号

电力系统安全稳定分析与控制研究

作　　者　薛　彪
责任编辑　赵海燕
出版发行　现代出版社
地　　址　北京市朝阳区安外安华里504号
邮　　编　100011
电　　话　010-64267325　64245264(传真)
网　　址　www.1980xd.com
电子邮箱　xiandai@vip.sina.com
印　　刷　北京四海锦诚印刷技术有限公司
版　　次　2023年5月第1版 2023年5月第1次印刷
开　　本　185 mm×260 mm　1/16
印　　张　12.5
字　　数　295千字
书　　号　ISBN 978-7-5143-9989-9
定　　价　58.00元

前　言

在经济全球化日趋成熟、常规能源日趋枯竭、环境污染压力日趋加重、能源战略地位日趋突出、新能源应用日趋广泛等多重因素的作用下，电网新技术的发展、智能电网的研究应用、电网能效的精细化管控、电网的安全等问题是世界各国尤其是我国政府及电力企业必须重视的战略任务。

电力系统中各同步发电机间保持同步是电力系统正常运行的必要条件，其中电力系统稳定性是最难理解、最富挑战性的核心问题与研究热点之一。基于传统运行控制机制发展而来的现代电力系统，会更多地融入能源转型、智能化等新元素的运行特征。

本书系统介绍电力系统安全稳定理论方法及其科学实践手段，为电气工程学科探求理论与工程问题内在机理奠定基石。本书重视知识结构的系统性和先进性。在撰写上突出以下特点：第一，内容丰富、详尽、系统、科学。第二，实践操作与理论探讨齐头并进，结构严谨，条理清晰，层次分明，重点突出，通俗易懂，具有较强的科学性、系统性和指导性。本书为推动学科发展，培养掌握新一代电力系统安全稳定与控制专门理论与实践的人才而作。本书可作为电力系统控制和运行安全技术研究人员的参考用书。

在本书的策划和编写过程中，从国内外有关的大量文献和资料中得到启示；同时也得到了有关领导、同事、朋友及学生的大力支持与帮助，在此致以衷心的感谢！本书的选材和编写还有一些不尽如人意的地方，加上编者学识水平和时间所限，书中难免存在缺点和谬误，敬请同行专家及读者指正，以便进一步完善提高。

目 录

第一章 电力系统的基础理论

电能是现代社会中最主要最方便的能源，因为电能具有传输方便，易于转换成其他能量等优点，被广泛地应用于各行各业，可以说没有电力工业就没有国民经济的现代化。电力系统就是指由生产、输送、分配、使用电能的设备，以及测量、继电保护、控制装置乃至能量管理系统所组成的统一整体。

第一节 电力系统的特征与分析

一、电力系统的基本特征

电力系统已经进入大电网、大电厂、大机组、超特高电压、远距离输电、交直流输电、高度自动控制和市场化营运等具有强烈现代特征的电力系统新时代。随着新技术、新材料和新工艺的不断发展应用，可持续发展战略的不断深化都将继续提高电网的输变电能力，提高发输配电效率，提高供电可靠性和电能质量，降低电力生产过程对自然环境的污染和对生物链的影响。百年电力将以崭新的姿态为世界文明续写着它辉煌的篇章。

（一）现代电力系统的基本组成

无论是从规模还是结构上看，电力系统无疑是人类所建立的最复杂的工业系统之一，是一个实现能量转换、传输、分配的复杂、强非线性、高维数、分层分布的动态大系统。

现代电力系统虽然也由发电、输电、配电、用电等电气设备以及各种控制设备组成，但与传统电力系统相比，已经有了很大的改变。

发电系统：发电系统由原动机、同步发电机和励磁系统组成。原动机将一次能源（化石燃料、核能和水能等）转换为机械能，再由同步发电机将它转换为电能。发电机为三相交流同步发电机。现代发电技术包括超临界和超超临界的发电技术，高效脱硫装置、循环流化床（CFBC）和整体煤气化联合循环（IGCC）等清洁煤燃烧技术，大型水电技术装备和低水头贯流机组、抽水蓄能机组制造技术，核电技术等。

输电系统：输电系统（又称电网）由输电和变电设备组成。输电设备主要有输电线、杆塔、绝缘子串等。变电设备主要有变压器、电抗器、电容器、断路器、开关、避雷器、互感器、母线等一次，设备性以及保证输变电安全可靠运行的继电保护、自动装置、控制设备等。通常，电网又按照电压等级和承担功能的不同分为 3 个子系统，即输电网络、次输电网络和配电网络。

1. 输电网络

输电网络连接系统中主要的发电厂和主要的负荷中心。输电网络通常是将发电厂或发电基地（包括若干电厂）发出的电力输送到消费电能的地区，又称负荷中心，或者实现电网互联，将一个电网的电力输送到另一个电网。输电网络形成整个系统的骨干网络并运行于系统的最高电压水平。发电机的电压通常在 10~35kV，经过升压达到输电电压水平后，由特高压、超高压、高压交流或直流输电线路将电能传输到输电变电站，在此经过降压达到次输电水平（一般为 110kV）。发电和输电网络经常被称作主电力系统（bulk power system）。现代电网中，输电网的特征主要是特高压、超高压、交直流输变电、大区域互联电网、大容量输变电设备、超特高压继电保护、自动装置、大电网安全稳定控制、现代电网调度自动化、光纤化、信息化等。

2. 次输电网络

次输电网络将电力从输电变电站输往配电变电站。通常，大的工业用户直接由次输电系统供电。在某些系统中，次输电和输电回路之间没有清晰的界限。比如一些超大的工业用户也有直接通过 220kV 系统供电，然后再由内部进行电力分配。当系统扩展，或更高一级电压水平的输电变得必要时，原有输电线路承担的任务等级常被降低，起次输电的功能。现代电网中，次输电网的特征主要是高压、局部区域内电网互联、大电网安全稳定控制辅助执行控制、无油化、城市电缆化、变电站自动化及无人值班、地区电网调度自动化、光纤化、信息化等。

3. 配电网络

配电网络是将电力送往用户的最后一级电网，也是最复杂的一级电网。一次配电电压通常在 4.0~35kV。较小的工业用户通过这一电压等级的主馈线供电。二次配电馈线以 220/380V 电压向民用和商业用户供电，一些欧美国家为 100~110V。现代电网中，配电网的特征主要是中低压、网络复杂化、城市电缆化、绝缘化、无油化、小型化、配电自动化、光纤化、信息化等。

（二）现代电力系统运行的特点和要求

电力系统的功能是将能量从一种自然存在的形式（一次能源）转换为电能（二次能源）的形式，并将它输送到各个用户家中。能量很少以电的形式消费，而是将其转换为其他形式，如热、光和机械能。电能的优点是输送和控制相对容易，效率和可靠性高。电能的生产、输送、分配和使用与其他工业产品相比有着明显的不同。

1. 电力系统运行的特点

（1）同时性

电能不易储存，发电、输电、变电、配电、用电是同时完成的，必须用多少，发多少。

（2）整体性

发电厂、变电站、高压输电线、配电线路和设备、用电设备在电网中形成一个不可分割的整体，缺一不可，否则电力生产不能完成。各个孤立的设备离开了电力生产链，也就失去了存在的意义。

（3）快速性

电能是以电磁波的形式传播的，其速度为 30 万 km/s，当电网运行发生变化时其过渡十分迅速，故障中的控制更是以微秒、毫秒来计算的。

（4）连续性

不同用户对电力的需求是不同的，用电的时间也不一致，这就要求电力生产必须具有不间断性持续生产的能力，需要对电网进行连续控制和调节，以保证供电质量和可靠供电。

（5）实时性

由于电能输送的快速性，因此电网事故的发展也是非常迅速的，而且涉及面很广，对社会、经济的影响巨大，因此必须对电力生产状态进行实时监控。

（6）随机性

电网设备故障和系统故障存在一定的随机性，完全做到可控是非常困难的。

2. 电力系统运行的要求

电力工业时刻与国民经济各部门和人们的生活相关联，也是现代社会的基本特征。一个设计完善和运行良好的电力系统应满足以下基本要求：

（1）系统必须能够适应不断变化的负荷有功和无功功率需求。因而，必须保持适当的有功和无功旋转备用，并始终给予适当的控制。

（2）系统供电质量必须满足规定，即电压、频率在规定范围内，且具有（维持）一定的系统安全水平和供电可靠性。

（3）由于快速性要求，电力系统的正常操作，如发电机、变压器、线路、用电设备的投入或退出，都应在瞬间完成，有些操作和故障的处理必须满足系统实时控制的要求。

（4）最低成本供电。要求采用高效节能的发、输、配电设备；优化电源配置和电力网络设计；大力开展电力系统中的经济运行；充分利用水电资源，合理调配水、火电厂的出力，尽可能减小对生态环境的破坏和有害影响等。电能生产与消费的规模都很大，降低一次能源消耗和输送分配时的损耗对节约资源具有重要意义。

（5）电力系统运行和控制必须满足在发电、输电和供电分别独立经营的条件下，保持电网的安全稳定运行水平。电力系统运营的市场化使得电力系统的运行方式更加复杂多变，电力传输网络必须具有更强的自身调控能力。

（6）电网互联。互联大电网的稳定问题并不是小系统稳定问题的简单叠加，特别是经弱联络线连接的互联电网，它很容易在故障中失去稳定。电网的互联形成了区域振荡模式，其动态行为非常复杂，甚至可能产生混沌。系统规模的扩大、快速控制装置的引入可能会使系统的阻尼减少，发生持续的功率振荡。因此，互联大电网对安全稳定分析与控制的要求更高。

（三）现代电力系统的控制

现代电力系统的控制主要包括发电控制、输电控制、调度控制和信息系统。

1. 发电控制

发电控制由励磁调节系统和原动机调速系统组成，根据发电协议和机组优化方案控制发电机组输出的有功功率。其中，励磁调节系统控制发电机机端电压和无功功率输出。原动机调速系统控制传动同步发电机的机械能（同步发电机输入机械能）的大小，从而控制发电机组输出的有功功率。系统发电控制的首要任务是维持整个系统的发电与系统负荷和损耗的平衡，从而保证发电协议的执行，且维持系统频率及联络线潮流（与相邻系统的交换功率）在允许范围内。同时发电控制对调控整个系统的运行状态起着至关重要的作用。

2. 输电控制

输电控制包括功率和电压控制设备，例如静止无功补偿器、同步调相机、串/并联电容器和电抗器、有载调压变压器、移相变压器，以及柔性交流输电（FACTS）和高压直流输电控制等。柔性交流输电技术利用大功率电力电子元器件构成的装置来控制或调节交流电力系统，从而达到控制系统的目的。其优点突出表现在：在不改变现有电网结构的情况下，可以极大地提高电网的输电能力；提高系统的可靠性、快速性和灵活性；扩大系统对电压和潮流的控制能力；有很强的限制短路电流、阻尼振荡的能力，能有效提高系统暂态稳定性；对系统的参数既可断续调节又可连续调节。

3. 调度控制和信息系统

电网调度自动化系统是确保电网安全、优质、经济地发供电，提高电网调度运行管理水平的重要手段，是电力生产自动化和管理现代化的重要基础。随着电力工业技术的发展，规模扩大和网络互联、FACTS 的大量应用，各种发电体制的加入以及营运体制的改革，电网的运行和控制越来越依赖于完善、先进和实用的调度自动化系统以及先进的信息网络和完善的通信手段。现代电网调度自动化系统的内涵也在不断丰富、发展，不仅包括能量管理系统（EMS）、配网管理系统（DMS）、水调自动化系统等，还将包括电力市场技术支持系统、电力信息 MIS、变电站自动化、数字化变电站、互联网等现代化手段和技术的支撑。

综上所述，现代电力系统的特征主要体现在以下几个方面。

（1）大容量、高参数发、输、变电设备；

（2）发、输、变电设备制造工艺和材料的现代化和高科技化；

（3）超、特高电压；

（4）新能源发电的多元化；

（5）超远距离输电；

（6）高压直流输电和柔性交流输电；

（7）跨区域、跨国超大规模互联电网，高低压网络极为复杂；

（8）电力市场化运营，发电主体多元化及其管理现代化；

（9）电网调度自动化，协调的发、输、变、配电系统控制现代化；

（10）以光纤通信为代表的现代化通信系统；

（11）电力信息化、数字化、光纤化。

二、电力系统分析理论与方法

电力系统分析是进行电力系统研究、规划设计、运行调度与控制的重要基础和手段。电力系统分析取决于对电力系统本身客观规律的认识，同时也取决于所采用的计算理论、方法和工具。因此，电力系统分析理论与方法的发展基本分为两个方面，即电力系统自身发展与对本身客观规律的认识，以及所采用的理论和方法。这两方面的发展相辅相成，相互推进。

（一）电力系统分析理论与方法的发展过程

按照上述两个方面的发展，可将 100 多年来电力系统分析理论和方法研究的发展历程粗略地划分为三个阶段。

第一阶段：电力工业初期（19 世纪 80 年代）至 20 世纪 40 年代；

第二阶段：20 世纪 40 年代至 80 年代后期；

第三阶段：20 世纪 80 年代后期至今。

第一阶段体现了小系统、手工计算的特点。该时期基本为手工计算。为了减轻计算强度，人们研制了一些辅助计算工具，如交、直流计算台、计算曲线等。该时期是人们对电力系统本身客观规律认识的重要时期，奠定了电力系统基本组件的物理和数学模型，其中包括发电机、变压器、线路、异步电动机。20 世纪 30 年代以帕克为代表的众多学者建立了发电机实用模型，它是在由勃朗德最初提出，由道赫蒂和尼克尔进一步发展的双反应理论的基础上形成的发电机实用模型（这就是至今仍在使用的帕克方程），该模型的建立可以说具有划时代的意义，是电力系统分析发展史上的里程碑，有人称帕克是 20 世纪最伟大的电力科学研究者之一。在随后的近半个世纪，人们对电力系统本身客观规律的认识没有发生太大的变化。

第二阶段展现了电力系统规模发展和分析方法计算机化的进程。该时期，电力系统的基本组成没有发生太大变化，而主要是电力系统规模、发电输电容量和输电距离不断增大，电压等级不断升高。这期间西方发达国家的发展十分迅速，诞生了许多电力系统之最，比如最大容量的机组、最高输电电压。高压直流输电也在此期间出现，只是发展较慢。我国电力系统在此期间发展相对迟缓。

随着计算机技术的蓬勃发展和广泛应用，第二阶段电力系统分析方法和计算工具大为改观。虽然这时对电力系统本身客观规律的认识与第一阶段没有本质的差异，但是电力系统分析的研究方法却让人耳目一新。正是由于计算机和通信技术的发展，才使计算大规模电力系统（几千个节点，上万条支路）和在线分析电力系统实时运行状态等工作的工程化成为可能。电力系统规模的扩大，要求计算上千阶方程，从而也促进了应用数学的发展。矩阵、图论、数值计算等与计算机相关的数学分支在电力系统学科领域得到了充分的发展。在此期间，逐渐形成了电力系统分析的潮流计算、短路计算和稳定分析计算三大计算软件。研究重点主要在大系统（特别是大电网）的数学表达形式，建立适用于计算机处理的数学模型和算法（计算方法）。其中将近20年，由于计算机存储空间的限制和计算速度较低，人们都致力于研究如何节约存储空间、减小计算量的计算方法。比如快速解耦潮流计算法、三角分解迭代、稀疏矩阵存储技术、网络静态动态等值等，以及后期的分布式、并行式算法等，研究成果主要是离线计算，在线应用受到较多限制，进展缓慢。

第三阶段进入现代电力系统时代。系统规模、组成和运行（运营）方式在该时期都发生了相当大的变化。现代控制理论和大功率电力电子组件的迅速发展，在为电力系统控制提供高效控制方式和手段的同时，也增加了系统自身的复杂性，且对电力系统分析的理论和方法提出了挑战。首先，至关重要的是这些新型组件的建模问题。有人认为，如果21世纪有学者能为众多电力电子组件（包括FACTS和高压直流输电）和新型能源转换设备建立物理和数学模型，那他将是一位与帕克一样伟大的电力科学研究者。其次，现代社会电力工业重组和电力市场化的进程也给电力系统分析提出了一系列新课题。可喜的是，当今计算机信息、通信等技术的飞速发展为电力系统分析注入了新的活力，可以提供更先进的分析手段。这段时期，发达国家电力工业发展进度相对缓慢，而我国电力工业正在以惊人的速度发展。

（二）现代电力系统分析面临的问题

近年来，“现代电力系统”时代的巨大变化对电力系统分析理论与技术产生了深刻的影响。如上所述，现代电力系统的重要标志是大容量、超大规模、超高压、交直流混合，以及信息化、柔性化和市场化。因此，无论是电力系统规划还是运行控制，都对电力系统分析提出了一系列新的问题和要求。

首先，计算机技术获得了广泛的应用和长足的进步。计算机硬件运算水平的发展遵循著名的“摩尔定理”，CPU的运算水平每隔12个月提高一倍，软件的性能也是日新月异。这直接改变了电力系统的分析手段和规划水平。目前，计算机已能处理数万个节点的潮流分析问题，使最优潮流、静态安全分析、动态安全分析和暂态稳定分析的在线应用成为可能。这正是计算机技术飞速发展适应了现代大规模电力系统在线实时控制快速分析需求的结果。现代信息技术的迅速发展和广泛应用为电力系统在线分析提供了强有力的技术支撑，使之对电力系统各种信号和运行状态进行准确而全面的在线监测、分析和控制成为可能。

电力工业是技术密集和资金密集的产业，又是国民经济的先行和基础产业，其安全性、可靠性、经济性对整个国民经济有着巨大而深远的影响。电力系统是一个典型的大系统，如何反映现代电力系统的特点，有效地、准确地分析其运行特性，从而改善其运行指标，一直是国内外电力领域研究的重点。因此，现代电力系统分析理论和方法的研究重点也必须与之相适应，如何利用现代计算机信息技术、现代通信技术更准确、快速，深入地研究现代大规模电力系统，比如进一步研究能更准确描述系统各组件在不同运行状态下的静态和动态特性以及系统整体特性的模型、大规模互联系统的数学表达形式等。

现代电力系统是一个高阶多变量的复杂动力学系统，包含众多响应特性各异的组件，而这些响应特性各异的组件又通过输配电网络联系在一起。因此系统的整体动态特性不仅与这些组件本身的动态响应特性相关，还与电网互联带来的特殊问题有关。

其次，电力电子技术在电力系统中的大量应用为电力系统提供了更快速、更准确、更柔性化的控制手段，使以前难以实现的控制手段和调节方法成为可能。高压直流输电和柔性交流输电的基本特点是快速控制，因而直流输电（HVDC）和柔性交流输电技术（FACTS）的应用大大加强了电力系统的稳态和动态调控能力。不过它们在有效提高系统传输极限、控制系统运行状态、改善系统特性的同时，也给电力系统分析领域带来了新的挑战。除了前面提到的要为这些装置建立相应的数学模型外，还要开发包含这些组件的电力系统稳态和动态分析的新算法。而且由于寻求合适的控制策略对改善电力系统的动态特性极为重要，因此研究 HVDC 和 FACTS 在各种运行工况下的分析方法、控制技术及含有 HVDC 和 FACTS 的电力系统潮流计算方法及控制策略也成为电力系统分析研究的重点。

最后，20 世纪 80 年代开始的电力工业重组和电力市场化的进程，使得原先垂直一体化的电力系统被分割为互不隶属的几个平行互联网络；电力市场化的改革对降低电价、改善电力系统运行效率提出了迫切的要求。最优潮流的优化目标和准则发生了变化，出现了输电辅助服务、输电阻塞等问题。

因此，随着电力系统的规模持续增大，结构日益复杂，组件不断更新，电力系统运行对电力系统的分析、规划和控制方法不断地提出新的、更高的要求。计算工具和计算数学以及其他技术领域的不断进步，为研究电力系统提供了新的手段。建立描述电力系统的数学模型是研究电力系统专门问题的基础。数学模型的正确性和准确性是保证计算结果的正确性和准确性的基本前提。在建立数学模型的过程中，一开始就应对所研究的对象有一个尽可能全面深刻的认识，并用尽可能精确的数学语言加以描述。它可以使我们把研究与分析问题的立足点建立在尽可能可靠的基础上。以便在诸多因素与条件中分清主次，对模型做一些必要的近似处理，忽略一些次要因素，从而建立能满足工程需要的实用数学模型。对研究与设计对象的认识越深刻越全面，近似处理也就会愈符合客观实际。

电力系统的过渡十分迅速，因而它对自动控制在客观上有很强的依赖性。计算机和电子技术在控制领域的广泛应用使现代电力系统具有了很高的自动化程度，其中包括种类繁多的自动装置或系统。如此庞大、复杂的系统，表现在描述它的数学方程方面是方程的极度非线性和高维数。分析任何复杂系统的一般方法是由简单到复杂，由局部到整体，电力系统的分析计算也是如此。庞大而复杂的电力系统首先被分解为一个个独立的基本组件，如发电机、变压器、输电线、调速器和励磁调节器等，然后运用电工理论和其他相关理论分别建立单个组件的数学模型。组件的数学模型是构造全系统数学模型的基石。有了各种组件的数学模型，进一步根据电力系统的专门知识和这些组件在具体系统中的具体联系，从而建立全系统的数学模型。对于同一个客观系统，研究不同的问题，数学模型可能是不同的。从数学上讲，电力系统是一个非线性动力学系统。在研究这个非线性动力学系统的稳态行为时，涉及的是代数方程，在研究动态行为时，涉及的是微分方程（一般是常微分方程，某些特殊问题可能涉及偏微分方程）。在研究某些特殊问题时，模型参数可能还是时变的、变量为不连续的。另外，对计算结果的精度的要求不同，数学模型也可能不同。显然，定性分析的模型相对于定量分析的模型可以简单一些，实际应用中也大量需要这种定性实用的结果。计算精度与计算速度是建立数学模型时应同时考虑的两个相互矛盾的问题。显然，人们一直在努力建立一个在当代计算工具条件下既满足工程分析精度要求又满足工程分析速度要求的数学模型和求解方法，从而使电力系统分析理论和方法在不断探索研究的过程中得到发展。

第二节 电力系统的组成和特点

一、电力系统的组成

电力系统（Power System）由三部分组成：发电机（电源）、负荷（用电设备）以及电力网（连接发电机和负荷的设备）。这三部分都带有相应的监测、保护设备。如果考虑结合发电厂的动力设备，如火力发电厂的锅炉、汽轮机等，水力发电厂的水库和水轮机等，核电站的反应堆等，则统称为动力系统。

必须指出的是，目前电力系统中所用到的大部分设备是三相交流设备，它们的参数是三相对称的，所构成的电力系统主要为三相对称系统，所以一般情况下一组（三相）电力线可以用单线图表示，线电压、线电流、三相复功率为其主要参数。

二、电力系统的运行特点

与工业生产的其他行业相比较，电力系统的运行有三个特点：

（一）电能与国民经济各部门以及人民的生活关系密切

电能是最方便的能源，容易进行大量生产、远距离传输和控制，容易转换成其他能量，在工业与民用中应用非常广泛。如果电力系统不能正常运行，会对国民经济和人民生活造成不可估量的损失。

（二）电能不能大量储存

电能的生产、输送、分配和使用实际上是同时进行的，即电力系统中每一时刻所发的总电能等于用电设备消耗的电能和电力网中电能损耗之和。不能平衡时，电力系统各点的电压波动和频率波动超出允许范围。

（三）电力系统中的暂态过程十分迅速

在电力系统中，因开关操作等引起的从一种状态到另一种状态的过渡只需要几微秒到几毫秒，当电力系统某处发生故障而处理不当时，只要几秒到几分钟就可能造成一系列故障甚至整个电力系统的崩溃，因此电力系统中广泛采用各种控制、保护设备并要求这些设备能快速响应，这也是暂态分析所要讨论的内容。

三、电力系统设计的基本要求

根据电力系统的运行特点，在设计和分析电力系统时就有了以下三个基本要求。

（一）提高电力系统供电的安全可靠性

电力系统供电的安全可靠性主要体现在三个方面：一是保证一定的备用容量，电力系统中的发电设备容量，除满足用电负荷容量外，要留有一定的负荷备用；有事故备用和检修备用两种。二是电网的结构要合理，例如高压输电网一般都采用环形网络，使得即使其中某一线路因故退出运行时，各变电站仍可以继续供电。并要求所采用的设备安全可靠，在发生故障时能及时运行。三是加强对电力系统运行的监控，对电力系统在不同的运行方式下各节点的电网参数进行分析计算（稳态分析的任务）及时采取各种措施保证电力系统稳定运行。

（二）保证电能质量

电力系统中描述电能质量最基本的指标是频率和电压。

在同一个电力系统中，一般情况下认为各点的电压频率是一致的，各发电机的转子角速度等于电力系统的电压角频率，称为发电机同步并列运行。我国规定电力系统的额定频率为50Hz，电力系统正常运行条件下频率偏差限值为±0.2Hz，在电网容量比较小（装机容量小于300万kW）时，允许偏差可以放宽到±0.5Hz。随着电力系统自动化水平的提高，频率的允许偏差范围也将逐步缩小。

在同一个电力系统中，各点的电压大小是不同的，我国一般规定各点的电压允许变化范围为该点额定电压的±5%。除了这两个基本指标外，电能质量指标还有：谐波、三相电压的不对称（不平衡）度和电压的闪变等。

（三）提高电力系统运行的经济性

在电能生产过程中要尽量降低能耗，充分利用水资源进行水力发电，火力发电厂要尽量提高发电的效率。在电力网规划设计中要考虑降低电力网在电能传输过程中的损耗，电力网运行过程要通过自动化控制使电力系统运行在最经济的状态。

另外，环境保护问题也越来越受到人们的关注，在当代提倡“绿色能源，低碳能源”的口号下，比较环保的能源如风能、太阳能发电、潮汐发电也成为人们研究的热点，并取得了一系列的进展。

第三节　电力系统的主要电源

电力系统的电源主要来自火力发电厂、水力发电厂（水电站）和核电站，另外还有风力发电、地热发电、太阳能发电、潮汐发电等。

一、火力发电厂

火力发电厂是将煤、石油、天然气等燃料所产生的热能，转换成汽轮机的机械能，再通过发电机转换成电能。火力发电机组又分为专供发电的凝汽式汽轮机组（占75%）及发电并兼供热的抽气式和背压式汽轮机组，后者主要建在我国的北方地区，在冬天兼有供热的任务，这类兼供热的发电厂，常称为热电厂。在我国，火力发电厂目前是电力系统中的主力军，其发电量占电力系统总发电量的75%。

煤通过磨煤机加工成煤粉，送入锅炉燃烧，使锅炉中的水加热形成高温高压的蒸汽，推动汽轮机，汽轮机带动发电机发电。高温高压蒸汽又通过凝结器回收，预处理后（包括适当补水）再送回锅炉，如此循环。燃烧的烟灰也要经过适当处理再排放。

火力发电的优缺点：

1. 火力发电需要消耗煤、石油等自然资源，这类资源一般需要通过铁路、船等运输，受到运输条件的限制，并增加了发电的成本。

2. 火力发电过程中需要排放烟灰，因此对周围的环境造成污染，近年来对烟灰的处理技术有了很大的进步，但还没能达到零排放。

3. 火力发电不受自然条件的限制，比较容易调度控制。

二、水力发电厂

水力发电厂又称水电站，是利用河流的水能发电。水力发电厂的装机容量主要由发电机组的效率与水的落差和水流量决定。根据其特点，水力发电厂可以分为三类：径流式水电厂、水库调节式水电厂和抽水储能式发电厂。

径流式水电站主要建在水流量较大，水速比较急，但水的落差并不是很大的地区，例如葛洲坝水电站。它主要是在急流的河道中建大坝，使水通过管道进入水轮机来发电，它的水库容量很小，发电功率主要是由河流的水流量决定。水库调节式水电站主要建在水的落差较大的地区，例如三峡水电站。在长江中建大坝，利用上下游的落差进行发电，这种水电厂的水库容量较大，三峡水电站大坝高程185m，蓄水高程175m，水库长600余千米，总装机容量32台单机容量为70万kW的水电机组，可按库容的大小进行日、月、年的调节，以便有计划地使用水能。

抽水蓄能发电站主要建在水资源不是很丰富的地区，是一种特殊的水力发电厂，有上、下两级水库，在深夜或负荷低谷期，电机工作在电动机状态，利用剩余电力使水轮机工作在水泵的方式，将下游的水抽在水库内，在白天或负荷高峰时电机工作在发电机状态进行发电，这种水电站主要进行调峰，保证用电高、低峰时电网的平衡，对于改善电力系统的运行条件具有很重要的意义。

目前我国最大的水轮发电机单机容量为70万kW。

水力发电的特点：水力发电不需要支付燃料费用，发电成本低，且水能是可再生资源。在可能的情况下要尽量利用水力发电。

水力发电因受水库调节性能的影响在不同程度上受到自然条件限制，水库的调节性能可分为：日调节、季调节、年调节和多年调节。水库的调节周期越长，水电厂的运行受自然条件影响越小，有调节水库水电厂可以按调度部门的要求安排发电，但无调节水库的径流式水电站只能按实际来水流量发电。

水力发电机组的出力调整范围较宽，负荷增减速度相当快，机组投入和退出运行快，操作简便，无须额外的耗费。

水电站的建设通常是很大的工程，受到自然条件的限制，一次性（建设）投资很大。

水力枢纽往往兼有防洪、发电、航运、灌溉、养殖、供水和旅游等多方面的效益，因此水库的发电用水量通常要按水库的综合效益来考虑安排，不一定能同电力负荷的需要相一致。

水力发电不会对周围环境造成污染，是比较环保的能源。

三、核电站

核电与火电、水电一起，并称为世界三大电力支柱，目前核能发电约占全世界总发电量的16%，是当今世界上大规模可持续供电的主要能源之一。

核电站又称核能发电厂或原子能发电厂，其工作原理是利用核燃料在反应堆中产生的热能，将水变为蒸汽，推动汽轮机，带动发电机发电。

一般来说，核电站有以下特点：

1. 核电站的建造成本比较高，但运行成本相对比较低，例如一个发电量为50万kW的火电厂，每年需要燃煤150万t，而同样发电量的核电站，每年只需要消耗铀20t，因此运输成本等都大大降低，发电量超过50万kW后，核电站的成本就远低于火电厂。

2. 与火电厂相比，没有环境污染，火电厂在燃烧煤或油后，有烟灰排出，虽然现在已加强对烟灰的处理，但对周围的环境还是有一定的污染，而核电站建在地下，不需排放烟灰。唯一要注意的是防止核辐射污染，2011 年日本福岛的核电站泄漏事故引起全世界的震惊。只要处理好了，可以做到对周围环境没有污染。

3. 反应堆和汽轮机组投入和退出运行都很费时，且要增加能量消耗，成本大，因此一般情况下应承担基本负荷。

4. 反应堆的负荷基本没有限制，其最小技术负荷由汽轮机决定。

四、风电

风力发电有三种运行方式：一是独立运行方式，通常是一台小型风力发电机向一户或几户提供电力，它用蓄电池蓄能，以保证无风时的用电；二是风力发电与其他发电方式（如柴油机发电）相结合，向一个单位、一个村庄或一个海岛供电；三是风力发电并入常规电网运行，向大电网提供电力，常常是一处风电场安装几十台甚至几百台风力发电机，这是风力发电的主要发展方向。

风电是一种波动性、间歇性电源，大规模并网运行会对局部电网的稳定运行造成影响。目前，世界风电发达国家都在积极开展大规模风电并网的研究。

当前兆瓦级的风力发电机组的输出电压通常为 690V，经过设置无励磁调压装置的风电集电变压器将 0.69kV 升压为 10.5kV 或 38.5kV，然后经输电线输送数公里后再通过单回路接线接至设置有载调压分接开关的双圈升压变压器升压至 220kV 或 110kV 送入超高压电网。

五、太阳能

照射在地球上的太阳能非常巨大，大约 40min 照射在地球上的太阳能，便足以供全球一年能量的消耗。可以说，太阳能是真正取之不尽、用之不竭的能源。而且太阳能发电绝对干净，不产生公害。所以太阳能发电被誉为理想的能源。

从太阳能获得电力，需通过太阳电池进行光电变换来实现。它同以往其他电源发电原理完全不同，具有以下特点：①无枯竭危险；②绝对干净（无公害）；③不受资源分布地域的限制；④可在用电处就近发电；⑤能源质量高；⑥使用者从感情上容易接受；⑦获取能源时间短。不足之处是：①照射的能量分布密度小，即要占用巨大面积；②获得的能源同四季、昼夜及阴晴等气象条件有关。但总的说来，瑕不掩瑜，作为新能源，太阳能具有极大优点，因此受到世界各国的重视。

要使太阳能发电真正达到实用水平，一是要提高太阳能光电变换效率并降低其成本，二是要实现大规模太阳能发电且并入电网。

目前，太阳能电池主要有单晶硅、多晶硅、非晶态硅三种。单晶硅太阳能电池变换效率最高，已达20%以上，但价格也最贵。非晶态硅太阳能电池变换效率最低，但价格最便宜，今后最有希望用于一般发电的将是这种电池。一旦它的大面积组件光电变换效率达到10%，每瓦发电设备价格降到1~2美元时，便足以同现在的发电方式竞争。估计21世纪末便可达到这一水平。

第四节　电力网和电力系统的负荷

一、电力网

电力网由变压器、电力线路、无功功率补偿设备和各种保护设备、监控设备构成，实际的电力网结构庞大、复杂，由很多子网发展、互联构成。

（一）额定电压与额定频率

电力网的主要用途是传输电能，当传输的功率（单位时间传输的能量）一定时，输电的电压越高，则传输的电流越小，线路上的损耗就越小，且导线的截面积也可以相应减小，从而减少了电力线路的投资，但电压越高，对绝缘的要求就越高，因此在变压器、断路器、电线杆塔等方面的投资就越大，综合考虑这些因素，每个电网都有规定的电压等级标准，称为额定电压（Rated Voltage）。

我国规定：电力线路的额定电压和系统的额定电压相等，有时把它们称为网络的额定电压。电力系统的额定频率为50Hz。通常用电设备都是按照指定的电压和频率来进行设计制造的，这个指定的电压和频率，称为电气设备的额定电压和额定频率。当电气设备在此电压和频率下运行时，将具有最好的技术性能和经济效果。

变压器接受功率一侧的绕组为一次绕组，输出功率一侧为二次绕组。一次绕组的作用相当于受力设备，其额定电压与系统的额定电压相等，但直接与发电机连接时，其额定电压则与发电机的额定电压相等。二次绕组的作用相当于供电设备，额定电压规定比系统的额定电压高10%。如果变压器的短路电压小于7%或直接（包括通过短距离线路）与用户连接时，则规定比系统的额定电压高5%。变压器的一次绕组与二次绕组的额定电压之比称为变压器的额定电压比（或称主分接头变比）。

（二）输电网与配电网

电力网中的变电所分为枢纽变电所、中间变电所、地区变电所、终端变配电所。变电所中除了安装变压器外，还要安装保护装置、无功补偿设备、操作开关、监测设备等，电力网按电压等级和供电范围分为高压输电网、区域电力网和地区电力网，35kV 及以下、输电距离几十公里以内的称为地区电力网，又称配电网，其主要任务是向终端用户配送满足质量要求的电能。电压为 110～220kV，多给区域性变电所负荷供电的，称为区域电力网，330kV 及以上的远距离输电线路组成的电力网称为高压输电网。区域电力网和高压输电网统称为输电网。它的主要任务是将大量的电能从发电厂远距离传输到负荷中心。

（三）电力系统中性点接地方式

电力系统中性点接地方式是指电力系统中的变压器和发电机的中性点与大地之间的连接方式。

中性点接地方式可分为两大类：一类是中性点直接接地或经小阻抗接地，采用这种中性点接地方式的电力系统称为有效接地系统或大接地电流系统。另一类是中性点不接地或经消弧线圈接地或经高阻抗接地，采用这种中性点接地方式的电力系统被称为非有效接地系统。

现代电力系统中采用较多的中性点接地方式是：直接接地，不接地或经消弧线圈接地。在 110kV 以上的高压电力系统中，均采用中性点直接接地。现代有些大城市的 110kV 的配电系统改用中性点经低值电阻或中值电阻接地，它们也属于有效接地系统。一般在 110kV 以下的中、低压电力系统中，出于可靠性等方面考虑，采用不接地或中性点经消弧线圈接地。

二、电力系统的负荷

电力系统的总负荷就是指电力系统中所有用电设备消耗功率的总和，应该等于电力系统所有电源发出的功率总和。

（一）负荷的分类

1. 按电力生产与销售过程分类

电力系统中所有电力用户的用电设备所消耗的电功率总和就是电力系统的负荷，称为电力系统的综合用电负荷。综合用电负荷又可以分成照明负荷和动力负荷，动力负荷是把不同地区、不同性质的所有用户的负荷总加起来而得到的。在不同的行业中，采用的动力负荷设备比重不同，其中用得最多的是异步电动机，所以在以后的讨论中也常以异步电动机的特性作为动力负荷特性讨论，若在具体设计分析时可参照当地实际负荷情况和统计资料分析。

综合用电负荷加电力网的功率损耗为电力系统的供电负荷。供电负荷加发电厂的厂用电消耗的功率就是各发电厂应该发出的功率，称为电力系统的发电负荷。

2. 有功功率负荷与无功功率负荷

大部分用电设备既要消耗有功功率，也需要吸收（释放）无功功率，所以在分析电力系统有功功率时，把用电设备视作有功功率负荷。同样，在分析无功功率时，就把用电设备当成无功功率负荷。而且一般情况下各种用电设备消耗的有功功率和无功功率会随电压和频率的变化而变化。

3. 按可靠性分类

根据负荷对供电可靠性的要求，可将负荷分成三级。

一级负荷：这类负荷停电会给国民经济带来重大损失或造成人身事故，所以一级负荷绝不允许停电，必须由两个或两个以上的独立电源供电。

二级负荷：这类负荷停电会给国民经济带来一定的损失，影响人民生活。所以二级负荷应尽可能不停电，可以用两个独立电源供电或一条专用线路供电。

三级负荷：这类负荷停电不会产生重大影响，一般采用一条线路供电即可。

（二）负荷曲线

实际电力系统的负荷是随时间变化的，其变化规律可用负荷曲线来描述，因为对电力系统来说有功功率与无功功率都需要平衡，因此分析时通常分别作出有功功率和无功功率负荷曲线。

负荷曲线按时间的长短可分为日负荷曲线和年负荷曲线。按对象可分为某用户、电力线路、变电所、发电厂、整个系统的负荷曲线。

一般不同行业的有功日负荷曲线变化较大，在电力系统中各用户的日最大负荷不会都在同一时刻出现，日最小负荷也不会在同一时刻出现，所以系统的日最大负荷总是小于各用户日最大负荷之和，而系统的日最小负荷总是大于各用户的日最小负荷之和。

年最大负荷曲线描述一年内每月（或每日）最大有功功率负荷的变化情况，它主要用来安排发电设备的检修计划，同时也为制订发电机组或发电厂的扩建或新建计划提供依据。

在电力系统分析中还常用到年持续负荷曲线，它按一年中系统负荷的数值大小及其持续小时数顺序排列绘制成的。在安排发电计划和进行可靠性估算时，常用这种曲线。

第二章 电力系统安全稳定性分析

第一节 电力系统安全标准

一、概述

电力系统安全稳定运行是关系国计民生的世界性问题，历来受到各国政府及电力企业的高度关注。为避免由于大面积停电造成巨大的经济损失，各国电力企业投入人力和财力开展相关问题的研究，取得了令人瞩目的成效。然而，大电网的稳定性问题非常复杂，影响因素很多，完全避免大停电事故发生仍然是很难实现的目标。

我国电力系统的安全稳定水平，虽然比改革开放初期有了长足进步和提升，但随着电力系统规模的不断扩大，电网结构的日趋复杂，还有许多问题没有彻底解决，局部停电事故仍有发生。对电力系统安全稳定运行机理及其控制手段开展研究，防范大面积停电事故发生仍是一项长期而复杂的工作。

我国对于电力系统的安全稳定运行一直高度重视，针对该领域涉及标准的制定和修订工作也在不断向纵深化推进，在电力规划设计、运行控制、网源协调、仿真建模等方面也相继制定了专门的标准，以细化对相关技术、管理的要求。这些标准对提高我国电力系统安全稳定运行水平发挥了重要作用。

近年来，随着电网联网规模的逐渐扩大，新能源发电比重的迅速增加，以及电网跨区域大容量交直流混联形态的逐步形成，我国电网运行特性发生了较大的变化，相应地给我国电力系统的安全稳定运行带来了新的挑战。同时，伴随着电网的快速发展，我国电力工业管理体制和外部环境也在不断变化。

二、电力系统安全稳定标准发展面临的新形势

进入21世纪以来，我国用电负荷持续大幅增长，环保、运输、土地等客观条件对现

有电力发展模式的制约作用越来越明显，电力工业发展方式进入转型期。资源节约型、环境友好型社会建设对电力系统提出了新的要求，同时也给电力系统的安全稳定运行带来了新的挑战。

（一）转变电力发展方式孕育电力系统新特征，需要超前完善安全稳定标准

解决我国电力发展中存在的生态环境日益恶化、能源供应成本持续上涨、能源安全保障能力降低等问题：一是必须加大力度调整电源结构，积极有序发展水电，安全高效发展核电，加快发展风能、太阳能等可再生能源发电；二是优化电源布局，加大力度推进西部和北部大型电源基地建设，充分利用先进的特高压输电技术，扩大西电东送、北电南送、全国联网规模。因此，电力系统将出现集约化大电源集中接入、远距离大容量送出、大平台分散式消纳的新特征，电力系统的安全稳定特性将发生变化。电源与电网之间、交流系统与直流系统之间、500kV 超高压电网与 1000kV 特高压电网之间、区域电网与特高压跨区域同步电网之间的关系将更为紧密和复杂，协调难度加大。以信息化、自动化、互动化为特征的坚强智能电网，对电网运行的灵活性、电网的全局控制能力、电网的自愈能力提出了更高的要求。

除此以外，资源节约型社会建设目标要求电力系统具有更高效率和更好效益，提高运行经济性和提高系统安全可靠水平的矛盾将更加突出，经济性和安全性的平衡点需要有新的调整。掌握电网新特性、厘清层次关系、预见未来安全稳定控制技术发展趋势，根据需求制定新的专项安全稳定标准，以及调整完善现有的安全稳定标准，将为驾驭新形势下的电力系统提供基础保障。

（二）大力发展可再生能源电力，需完善标准，减少安全隐患

大力发展可再生能源是全球性的能源发展趋势，在国家政策的指引下，我国的非水可再生能源电力装机，尤其是风电装机出现飞跃式发展，我国风电呈现集中式大规模开发和接入的特点，由于风电出力的间歇式特性，给电网运行带来了安全隐患，有必要在设备制造、接入系统、模型参数、实际运行等方面完善或制定一系列规范标准。

目前，我国相关部门对发展大规模可再生能源电力都相当重视，并借鉴国际经验，优先开展了标准需求及体系分析，建立了并网标准体系，但其他主导性规范、标准也需要对相关内容及时跟进完善。

（三）网厂分开体制下，网源协调发展亟须用标准规范替代行政命令约束

电源和电网是电力系统的有机组成部分，两者对电力系统的安全负有同等的义务和责任，在原有体制下，倚重行政命令的强制力，网源协调较为紧密。网厂分开后，新型、大容量机组大规模接入电网，因缺乏规范约束，网源协调的安全隐患不容易及时整改。由于网源不协调而导致的安全事件有所增加，随着大型能源基地和大容量特高压交直流输电通道的建成投产，出现类似事件的风险将增加，且后果可能更为严重。因此，亟须完善网源协调标准规范。

三、电力系统安全稳定标准

（一）基本标准

电网的安全稳定运行是电力系统各项工作中的首要任务。

随着电网的快速发展，电力相关新技术的广泛应用，我国电网的安全稳定特性及控制要求有了较大变化，对电力系统安全稳定相关标准提出了新的要求。

随着全国联网工程的实施，受端电网直流落点数量和受电比例逐步加大，受端电网电压稳定问题日益突出。区域电力交换功率不断扩大，发电机组快速自动励磁调节器广泛应用，使得电网主要振荡模式逐渐从单厂模式转变为区域间振荡模式，成为制约输电能力的重要因素。我国对电力系统安全稳定相关标准中虽然已经给出了电压稳定和动态稳定的定义和分析等相关内容，但还缺少量化性指标，使得在电网规划和运行控制时难以操作执行。

根据我国电网安全稳定特性及控制要求的变化情况，在完善我国现行电网安全稳定相关标准方面提出以下建议。

1. 进一步深入研究电压稳定和动态稳定的特性、机理和影响因素，完善静态电压稳定、暂态及中长期电压稳定以及动态电压稳定实用化评价指标及量化判据，指导电网的规划设计和安全稳定运行。

2. 研究现有三级安全稳定标准对电网发展的适应性，根据电网发展需要对三级安全稳定标准对应的故障划分、安全稳定控制措施的配置等进行调整，适当提高电网设防标准，细化三级安全稳定标准中对安全稳定控制措施适用性的规定，区别对待切机和切负荷措施，明确电网可以承受的措施量。

（二）规划设计类标准

随着电网运行特性和外部环境的变化，完善相关标准和加强标准指导的重要性日益突显。

1. 规划设计与运行分析的技术规定要协调

长期以来，我国电力系统规划设计与调度运行在安全稳定分析方面是并行的两条线，本着远粗近细的原则各自开展工作，在规划设计与调度运行的衔接方面存在不足。为此，国家电网公司专门设立了中长期规划滚动修编和电网 2~3 年安全稳定滚动校核机制，深化对近期规划方案的安全稳定分析，促进规划方案向调度运行的平稳过渡，也能够及时对中远期规划方案的改进和完善提出建议。

针对规划设计和调度运行在基础数据、计算模型方面的协调问题，在国家电网规划层面已经开展了规划与调度运行数据对接和标准统一的相关工作，并已取得了实效。在省级电网规划层面，这一工作也需要加快开展。

2. 规划阶段安全性与经济性要合理平衡

规划是电网发展的龙头，规划的节省是最大的节省。规划方案的确立是技术经济的优化比选过程。一般而言，电网的冗余度越大其安全性越高而经济性越差，所以理论上不存在安全性和经济性均是最优的规划方案，而是在安全性与经济性之间找到一个“平衡点”。从近几年规划工作的成果来看，“平衡点”的获取比较困难。主要原因在于难以将安全性的效益折算成经济性，无论是指标还是方法都不健全。交流电网工程一般有输电或者构建网架两个主要功能，对于以输电为主的工程，则其经济性比较容易评估，但承担网架功能的工程，往往其发挥提高系统安全稳定性的功能更为重要，因此将安全性（包括可靠性）用合理的方法折算成经济指标则能够为“平衡点”的获取提供有益的参考。张东霞等曾对该方法开展了比较深入的研究，但由于其评价体系中专家打分的因素权重较大（这是现有方法的通病），所以实际操作仍然难以避免主观因素的影响。

综上所述，为深化电网规划设计工作，迫切需要开展相关的标准制定和完善工作：开展电网规划设计分析深度规定的修订、调整，注重与调度运行在电网安全稳定分析、稳定控制设计等方面的技术规范相衔接，明确规划阶段安全稳定分析的具体内容、方法、数据标准、模型参数等，并将其上升为国家标准。同时开展与安全性相关的实用化经济性指标和方法研究，并将其一并纳入深度规定。

（三）运行控制类标准

电力系统运行控制类的技术标准主要针对运行控制环节中涉及的技术给出系统性、原则性的规定，给相关工作人员提供操作性较强的技术指导。目前的运行控制类标准基本围绕以“安全稳定控制三道防线”为主体的安全稳定防御体系而制定。

运行控制类标准经过多年发展，如今已经较为成熟，并在保障我国电网安全稳定运行方面发挥了重要作用。但是，由于该类标准与电网日常生产运行息息相关，它们对电网运行控制方面的新特点和新变化应该及时跟进。随着电网的发展和外部政策条件的变化，电网运行控制方面已经出现了一些新的特点，相应对运行控制类标准也提出了新的要求。

1. 系统特性复杂化，对协调控制提出了更高要求。大量间歇式新能源电力接入、电网侧层级增多、大容量交直流混联、多回直流密集落点等增加了电网运行的复杂性。通过仿真计算发现，某些故障情况很难用单一措施去保障电网的安全稳定运行，必须采用多种措施的协调控制，如针对德宝直流闭锁故障，采用了直流紧急功率支援和切负荷相配合的措施。在目前运行控制类标准中，对不同控制措施之间的协调配合原则未做明确的规定，因而在实际生产中制定策略时随意性较大，不能充分发挥协调控制的综合优势。

2. 二、三道防线措施配置应当更为灵活。在目前的“三道防线”体系中，二、三道防线措施分别针对不同类别的故障制定，两者之间界限比较清晰。但随着电网的发展，从实用的角度出发，某些情况下需要打破这种界限。如目前的华北-华中联网系统，联络线附近部分500kV线路N-2故障时，主动解列联络线反而可以避免大量切机、切负荷，对电网产生的影响更小。

3. D5000调度系统、广域测量系统（wide-area measurement system，WAMS）、电力系统稳定分析软件DSA的逐渐成熟，使得在线优化控制成为可能。在线优化控制可以根据系统的实时运行状态动态调整控制策略，提高控制策略的针对性和有效性，减少不必要的切机、切负荷量，因而一直是运行控制领域的重点发展方向。目前，这类系统基本上起到了给调度员决策提供参考的作用，还未实现真正的控制。有必要在控制类标准中规范这类控制系统的应用原则和应用方法，推动相关技术进一步发展。

随着电网规模的逐渐扩大，特高压、远距离、大容量交直流输电工程的不断投运，电网运行方式日益复杂多变。

（四）网源协调类标准

电源作为电力系统中最重要的动态元件，不仅承担电力生产任务，在电力系统安全稳定运行中还发挥着基础性、关键性的作用。当电力系统遭受故障时，电源应积极发挥其应有的电压、频率支撑作用，与电网控制措施相协调，保障电力系统安全稳定运行。

我国电力系统在长期的研究实践过程中，总结形成了一些网源协调经验，分布在多个标准中，为保障电力系统安全稳定运行发挥了积极的作用。这些标准的特点是针对具体的电力设备分散提出了性能要求。

当前，电力系统发展面临一些重大的新形势，给网源协调带来许多新的挑战；电力生产和消费的迅速发展、大规模电源集中接入的出现，使电网的利用率提升，对电网的安全稳定也提出了新要求。应对这种情况，不仅电源自身要适应各种严重故障，起到基础支撑作用，更需要电网进行全局的优化协调，以发挥电力系统所有元件的合力。可再生电源大规模并网，在提供绿色能源的同时，也给电力系统安全、经济运行带来诸多问题，制约了可再生电源的发展速度，需要加强网源协调研究，形成以技术标准体系为指导、试验验证为检验、在线监测为评价的工作机制。

为适应电力系统发展，网源协调标准还需要在以下几个方面进行完善。

1. 完善和加强电源控制保护系统的协调性方面的标准，尤其是保护系统与电网的协调标准。长期以来，在相关技术标准中对于电源保护的设计都是基于单机系统，没有就机组与机组、机组与电网的协调配合提出相应的要求。如对电网内各发电机的高频保护、超速保护没有考虑一定级差，在系统遭遇故障扰动时可能导致大量机组的保护同时动作，没有做到分轮次先后动作，反而可能加速系统失去稳定。又如目前火电厂重要辅机上的变频器保护配置缺乏标准，曾经发生过变频器因电网瞬时故障的低电压而闭锁，最终导致机组切机的事故。因此，有必要提出发电机组保护系统与电力系统安全稳定运行相协调的要求。

2. 完善电源重要控制设备的入网检测、并网验证、商运实时监测的全过程网源协调技术标准。对电源设计、建设和运行的全过程进行技术监管，最大限度地避免因电源自身问题引发电网安全问题。

3. 完善可再生电源网源协调标准，为其大规模并网提供技术保障。可再生电源单机容量小、机组数量大、制造厂商多，这些特点导致其网源协调难度更大。应加紧制定包含实时在线风电性能监测评价的全过程技术监督标准，保障电网安全，促进可再生电源的稳步发展。

（五）仿真建模类标准

由于电力系统的特殊性，评估电力系统的安全稳定水平、确定网架结构和运行方式、制定安稳控制措施等主要依赖于仿真分析手段。某种程度上，仿真分析技术的水平直接影响电力系统规划和运行的水平。仿真建模类标准主要对仿真分析中涉及的数据格式、计算方法、判别标准等各个方面进行规范，给出相应的原则或建议。

高精度是仿真建模技术的核心要求。为了不断提高仿真计算的精度，电力工作者在计算理论和方法、建模理论和方法、具体设备建模等方面不断开展研究和实践，取得了众多的成果，仿真建模类标准就是这些成果的总结。目前，仿真建模类的大部分标准都在近年有过修编，因而该类标准在整体上与目前的电网发展状况是相适应的，但有如下几个方面需要进一步深入研究和完善。

1. 机电暂态仿真中直流输电系统的精细化模拟。我国建成投运的直流输电线路（含背靠背直流工程）达 19 条，我国成为世界上投运直流最多的国家，且未来还将规划建设大量直流工程。可以预见，随着直流工程的增多，直流输电系统的动态特性对于系统稳定性的影响将越来越大，因此，需要加强对直流输电系统模型精细化模拟的研究，提高其计算精度。

2. 风电场、光伏电站等间歇式能源动态特性的模拟。风电等间歇式能源经过最近 10 年的迅猛发展，在东北、西北等间歇式能源装机比例较大的电网中，其动态特性已经成为影响电力系统安全稳定运行的重要因素之一。然而，目前风电等间歇式能源的建模验证工作还落后于间歇式能源自身的发展，需要进一步完善相关标准和规范。

3. 扰动后中长期过程的模拟。国内外各种电力系统稳定性问题分类中，针对功角、电压、频率三大稳定性问题，常常根据时间长短将扰动后的动态过程分为短期（暂态）及中长期两个子类。由此可知，扰动后的中长期过程是电力系统稳定性问题中不能忽略的组成部分。但是目前的实际工作中，对于中长期过程关注非常少，相应的标准也少有涉及该方面的内容。

针对上述问题，仿真建模类标准还需要在以下几个方面进行完善。

第一，在仿真建模类标准中对直流模型建模理论和方法、建模流程、模型和参数的管理等方面的内容进行规范，明确要求直流工程设备厂商必须向电网运营企业提供可满足电网安全稳定分析需要的直流电磁暂态和机电暂态模型及参数，在此基础上完善电网运行方式分析中的直流输电系统模型及参数，提高直流输电系统动态特性模拟的准确度。

第二，尽快制定可再生能源发电机组的模型参数管理标准，明确要求可再生能源发电设备厂商并网运行前必须向电网运营企业提供可准确反映其机组动态特性的模型及参数，推动间歇式能源发电机组建模工作的深入开展。

电力系统安全稳定标准对电力系统规划设计、运行控制、网源协调、仿真建模等各个方面的工作具有指导和约束的作用。要适应管理体制的变化，电力系统结构、规模以及新技术的发展，保障电力系统的安全稳定运行，电力系统安全稳定标准的研究工作还需要进一步深化。

目前，应着重在以下几个方面进行深入研究。

(1) 完善电力系统安全稳定的评价标准，指导我国电力系统的规划设计和安全稳定运行。

(2) 深化电网规划设计相关规定的内容，为电力系统规划设计中安全性和经济性的平衡提供标准化的评价方法。

(3) 不断完善运行控制标准，增加运行控制措施的可靠性和灵活性。

(4) 完善网源协调的标准体系，加强电源控制保护系统与电网的协调性。

(5) 推动精细化仿真模拟的标准化工作，进一步发挥仿真分析在电力系统安全稳定工作中的作用。

第二节　电力系统安全稳定性规划

一、概述

保证电力系统的安全稳定运行是当前人们极为重视的问题。提高电力系统安全稳定的措施主要有两方面：一是加强建设和合理安排电网结构；二是采用较完善的安全稳定控制措施。前者投资一般很大，但能可靠地在各种条件下提高安全性；后者所需资金较少，但可信赖程度稍差。

普遍认为电重和出现概率较低的扰动，采用控制措施是合理的。可是在实际工作中人们还常常认识不一致。对于某一具体情况，是增建电力设施还是采用控制措施？采用控制措施要求保证系统安全到何种程度？对这些问题是经常出现分歧的。本节从对电力系统在各种扰动下的安全要求出发，提出安全稳定控制的配置应用原则，并对各类安全稳定控制的目标和手段做简要概述。

二、电力系统安全要求

（一）电力系统在扰动下的安全要求

电力系统的扰动可分为小扰动和大扰动。小扰动指系统中负荷和发电机及其调节系统的经常变化，要求电力系统有足够的阻尼力矩，使在这种小扰动下不致发生自发振荡。大扰动指系统中因故障短路或操作等引起的功率或电网结构变化，一般按其严重性及出现概率分为若干类，针对不同的扰动情况对系统提出不同的安全要求。

（二）正常运行安全要求

电力系统正常运行时，应具有足够的供电充裕度和必要的运行安全裕度。此外，还应具有必要的系统阻尼水平，不致因小扰动或调节装置的作用而出现自发振荡。

1. 承受第Ⅰ类大扰动时的安全要求。电力系统承受第Ⅰ类大扰动时，应能保持稳定运行和正常供电，即电力系统能保持在安全状态或警戒状态，不致进入紧急状态。

2. 承受第Ⅱ类大扰动时的安全要求。电力系统承受第Ⅱ类大扰动时，应能保持稳定运行，参数不会偏离允许范围，但允许损失部分负荷，即电力系统可能进入紧急状态，但可通过适当的控制使其恢复正常运行。

3. 承受第Ⅲ类大扰动时的安全要求。电力系统承受第Ⅲ类大扰动时，如不能保持稳定运行，则必须防止系统崩溃，并尽量减少负荷损失，即系统可能进入特急状态，但应采取必要的措施，防止造成大面积停电。

4. 在某些特殊运行方式下的安全要求。如电力系统由于某种原因初始状态处于不安全状态，即警戒状态（如事故后尚未及时调整或某种特殊情况下要求强行多送电，例如水电站弃水），在承受上述各类扰动时，允许按规定适当降低要求的安全水平。

值得指出的是，这种按扰动分类并分别提出要求的做法，是世界上很多国家都采用的方法。例如，北美电力系统可靠性协会（NERC）最近提出的规划标准和日本电力系统的可靠性标准，都是将故障分为三类，对各类故障提出与我国标准类似的要求。但应指出，这些国家的标准中每一类故障的具体形态与我国规定有区别，通常较我国规定的严重。例如，NERC 标准中第Ⅰ类为导致失去单个元件的故障，第Ⅱ类为导致损失 2 个或更多元件的故障，第Ⅲ类为导致损失 2 个或更多元件或连锁停运的故障。

三、电力系统安全稳定控制的类型

电力系统安全稳定控制主要有以下两类。

（一）预防控制（Preventive Control）

电力系统正常运行时由于某种原因（运行方式恶化或扰动）处于警戒状态，为提高运行安全裕度，使电力系统恢复至安全状态而进行的控制。

（二）紧急控制（Emergency Control）

电力系统由于扰动进入紧急状态或特急状态，为防止系统稳定破坏、防止运行参数严重超出允许范围，以及防止事故进一步扩大造成严重停电而进行的控制。

预防控制主要是改变系统的运行点，使处于警戒域的运行点移至安全域。紧急控制是改变系统的稳定边界，使故障后的运行点仍处于稳定状态。因而两类控制的特性和工作模式有很大差别。前者一般是经常处于工作状态的连续工作方式，后者是在事故扰动下才启动工作的断续工作方式。

四、安全稳定控制的配置原则

（一）正常运行状态下的安全稳定控制

为保证电力系统正常运行状态及承受第Ⅰ类大扰动时的安全要求，应由合理的电网结构、相应的电力设施及其固有的保护和控制装置，以及预防性控制构成保证电力系统安全稳定的第一道防线。预防性控制包括发电机励磁调节的附加控制（如PSS、NEC等）、并联和串联电容补偿控制、直流输电功率调制和其他FACTS等。

（二）紧急状态下的安全稳定控制

为保证电力系统承受第Ⅱ类大扰动时的安全要求，应由防止稳定破坏和参数严重越限的紧急控制构成保证电力系统安全稳定的第二道防线。这种情况下的紧急控制包括发电机强行励磁、串联或并联强行补偿、切除发电机、汽轮机快控气门、动态电阻制动和特定条件的切负荷等。

（三）特急状态下的安全稳定控制

为保证电力系统承受第Ⅲ类大扰动时的安全要求，应由防止事故扩大避免系统崩溃的紧急控制及恢复控制构成保证电力系统安全稳定的第三道防线。这种情况下的紧急控制包括系统解列、低频和低压紧急减负荷等。恢复控制包括发电机快速启动，解列部分再同步并列运行，输电线重新带电，用户重新供电等。

（四）安全稳定控制系统的协调配合

电力系统中安全稳定控制系统的配置应使各控制系统之间做到协调配合。

1. 互为补充和备用：例如系统解列作为稳定控制的备用等。
2. 动作有选择性：例如系统中不同地点的解列装置必须具有动作选择性。

五、电力系统安全稳定的预防控制

预防控制通常采用以下两类方法。

（一）监视运行参数并与目标值进行比较

如对系统功角、线路潮流、母线电压、系统频率等实际运行参数进行监视，并与事先确定的运行目标值进行比较，如不一致则进行必要控制以消除这种差别。

（二）按假设故障仿真进行监视

根据系统的在线运行信息，按当时或以后短时（数分钟至数小时）可能的变化情况，假设各类故障进行仿真，如仿真结果出现稳定问题或参数严重越限，则进行相应控制以消除不安全因素。

六、电力系统紧急控制

（一）紧急控制的目标和手段

紧急控制按目标可分为两类：一类是防止稳定破坏的稳定性控制；另一类是防止系统参数严重偏离允许值的校正性控制。后者包括限制频率异常、限制电压异常、限制设备过负荷和制止系统失步。

（二）紧急控制实现方法

实现紧急控制通常采用以下方法。

1. 按扰动特性及严重性实施控制

这种方法是在故障前通过计算分析，确定各种故障扰动时可能出现的问题和所需的控制作用及控制量，例如是否会出现稳定破坏问题，运行参数是否会超出允许范围等，针对这些问题，确定需要采用的控制措施。当控制系统在运行中检测到某种扰动，即可根据预先确定的控制内容进行控制。计算分析确定控制量的方法有两种。

（1）离线计算

考虑可能出现的运行方式，假设对各种故障扰动进行计算分析，将分析结果编制成控制逻辑或策略表，存储于控制装置中，以便扰动发生时调用。

（2）在线故障前（准实时）计算

根据在线运行方式，假定各种故障扰动周期性（例如几分钟）进行计算分析，将分析结果存储于控制装置中并周期性更新。当扰动发生时，即可调用扰动前的计算结果。这种按扰动情况的控制能够在扰动发生时立即实施，动作快，效果好。稳定性控制一般采用这种方式。控制原理为人们所熟悉，得到了广泛应用。但装置和计算分析较复杂，对系统发展变化的适应性较差。

2. 按扰动后系统参数变化特性进行控制

这种方式是根据系统扰动后的功角、电压、电流和频率等参数的实时值及其变化率进行控制。控制数据由预先的计算确定。校正性控制一般采用这种方式。这种控制与扰动的原因无关，因而有较好的适应性。特别是作为第三道防线的紧急控制，由于对复杂故障的具体形态很难事先预料，因而也很难按扰动情况进行控制，只能按扰动后参数变化特征进行控制。这种控制的动作时间一般较慢，对于变化极快的暂态过程有时不能达到所需的效果。

上述两类方法各有特点，一般可根据具体的系统条件和扰动情况选定。也可两类控制同时应用，例如将按扰动控制作为主要控制措施，将按参数变化控制作为备用控制措施。

电力系统安全稳定控制，通常配置“三道防线”：第一道防线由电力设施、发电机及电网的固有保护控制装置和预防性安全稳定控制构成；第二道防线由防止稳定破坏和参数越限的紧急控制构成；第三道防线由防止事故扩大，避免大面积停电的紧急控制构成。预防控制的特点是改变系统的运行点，使其由警戒状态转为安全状态。紧急控制的特点是改变系统的安全稳定边界，使故障后的运行点仍处于安全稳定。

第三节 电力系统安全稳定性防御体系

一、概述

电力系统安全稳定运行问题是一个关系到社会稳定和经济发展的世界共性问题，历来受到各国政府及电力企业的高度关注。从 20 世纪 60 年代起，大面积停电事故就时有发生，每次大面积停电事故都会造成巨大的经济损失。各国电力企业投入了大量的人力和财力开展保障电力系统安全问题的研究，也取得了令人瞩目的成效，使电力系统发生大面积停电的次数越来越少。但是，随着电力系统规模的不断扩大，电力系统结构的日趋复杂。电力系统领域的专家和学者仍在不遗余力地对电力系统安全防御问题持续开展深入的研究，力图在理论上有所突破，在技术上有所创新。

为满足电力负荷持续快速增长的需求，我国正在建设世界上电压等级最高、规模最大的交直流混合电力系统。为此，构建安全可靠的电力系统综合防御体系，研究能够有效地降低大面积停电风险的技术手段，确保我国电力系统的安全稳定运行，是我国电力系统发展面临的基础性、关键性和迫切性问题。

二、电力系统安全稳定综合防御体系

对电力系统规划和运行而言，安全是永恒的主题。电力系统规划设计和调度运行要把电力系统安全放在首位，务必保证电力系统的安全稳定运行。为预防电力系统大停电事故的发生，必须构建坚强的电力系统综合安全防御体系。电力系统安全防御是一个综合性问题，涉及电网结构、自动控制、运行方式计划、安全稳定控制、防止大面积停电等各个方面，是一个极其复杂的系统工程。从总体上说，电力系统安全稳定综合防御体系分为电力系统受扰动前的安全保障体系和电力系统受扰动后的安全稳定控制体系。从一般的安全理念讲（如汽车安全、网络安全等），从主动安全和被动安全两个方面构建电力系统安全稳定综合防御体系。

对于电力系统而言，主动安全就是电力系统受扰动前的安全保障体系，是一种主动地、积极地防止电力系统发生安全稳定事故的安全保障体系，主要是指提高电力系统安全

性和可控性的措施。被动安全就是电力系统受扰动后尽可能地保持电力系统稳定运行、不发生大面积停电事故的安全稳定控制体系，主要是指保证电力系统受到扰动后的安全性和稳定性的措施，即传统的电力系统安全稳定“三道防线”。

电力系统的安全稳定综合防御体系应从电力系统安全保障体系（主动安全）和电力系统安全稳定控制体系（被动安全）两方面加以保证，在完善传统的电力系统稳定“三道防线”的同时，加强电力系统的主动安全水平，构建电力系统安全保障体系（主动安全）“三道防线”。

三、电力系统安全保障体系“三道防线”（主动安全“三道防线”）

（一）坚强的电网结构，奠定电力系统安全的坚实基础

坚强的电网结构是电力系统安全的物质基础，是电力系统安全保障体系（主动安全）的第一道防线。

实践证明，电网规划必须考虑电力系统安全稳定运行的要求。如果电网规划缺乏安全约束条件，特别是电网结构不合理，将给电力系统的安全稳定运行带来严重后患。

坚强的电网结构是指为了保证各种正常和检修运行方式下的送电和用电需要，满足承受故障扰动的能力和具有灵活的适应性，以及主干输电网应具备的结构、容量和灵活性品质。坚强的电网结构是保证电力系统安全稳定的基础。在电网规划设计中，应从全局着眼，综合分析系统特性，充分论证，统筹考虑，合理布局，加强主干网络。随着我国特高压交直流混联电力系统的逐步形成，电网形态日趋复杂，对电网规划设计提出了更高的要求。为提高电力系统构建的科学性与合理性，需要建立电力系统构建理论体系，研究交直流电网合理建设规模，完善多直流馈入受端电网安全评估方法。从理论上解决交直流协调发展、受端电网合理受电规模问题，正确评价电网经济效益和综合效益，从规划角度提高电网的输电能力以及大规模新能源的接纳能力，提升电力系统规划理论和支持技术水平，为构建坚强特高压交直流混合电力系统提供理论和技术支撑。

（二）最优的自动控制系统，提升电力系统的安全运行水平

电力系统是一个复杂的非线性动态大系统，其自动控制系统是电网安全保障体系（主动安全）的第二道防线。

虽然电网结构越坚固越好，但是在实际电网构建中，还要受到技术、经济、环境等各

种因素的制约，不可能仅仅依靠坚固的电网结构来保证电网的绝对安全。

在电网结构确定的情况下，进一步提高电力系统主动安全的防线就是电力系统的自动控制系统。电力系统中最重要的动态元件是发电机组，其控制技术已得到深入研究，发电机调速控制、励磁控制以及附加控制系统（如电力系统稳定器）已在电力系统中得到了广泛应用。发电机组非线性最优控制技术和基于广域量测系统（WAMS）的电力系统广域阻尼控制技术有了重要进展。但是，在考虑多种新型控制设备和多种控制方法并存的优化策略研究方面还有相当大的提升空间；发电机及其控制系统对电力系统运行控制的优化协调作用尚未充分发挥；现有的直流控制策略没有充分考虑与接入交流电网的相互影响；考虑交直流协调和多直流协调的综合控制方案尚未成型。

随着我国特高压交直流混联电力系统的发展，电力系统的稳定问题日益突出、交流通道承受潮流转移的压力加大、输电能力受限；灵活交流输电（FACTS）设备的大量应用增加了电力系统控制的复杂性；大容量交直流远距离混联送电，运行方式多变，局部分散控制难以适应未来电网复杂多变的形态。电力系统面临的这些新问题和挑战，对其自动控制水平提出了更高的要求。另外，为解决电力系统建设的过渡期所面临的运行控制问题，需要充分利用先进控制理论和广域信息，优化电力系统自动控制系统，提升电力系统安全运行水平。加强交直流广域协调控制技术的应用研究，全面提升电网的综合控制能力和安全稳定运行水平。

（三）安全的运行方式，保证电力系统运行在安全水平

在电网结构和自动控制系统确定的条件下，保证电力系统运行在安全水平的运行方式的计划与调度，是电力系统安全保障体系（主动安全）的第三道防线，也是主动安全的最后一道防线。电力系统运行方式的总体计划，一般由各级调度部门的年度运行方式计算分析确定。但是，在日常调度运行中，还要依靠电力系统调度自动化系统、在线安全预警和辅助决策系统，来掌握电力系统运行方式变化，及时进行预防性控制，保证电力系统运行在安全的水平。因此，需要进一步提升电力系统调度运行在线安全分析技术和运行支撑技术，完善电网运行在线评估和辅助决策支持技术，为运行方式的优化提供决策支持，保证电力系统运行在安全稳定范围内。随着我国电力系统的发展，受端系统大容量多直流集中馈入，受电比例越来越高，电力系统稳定问题越发突出，需要研究适应电力系统发展要求的电压稳定评估和动态无功备用容量优化新技术。特高压交直流混联系统运行方式复杂多变，风电、光伏等新能源大规模接入和 FACTS 技术的广泛应用，增加了电力系统运行方

式的多变性和复杂性，需要研究在线安全评估、预警及辅助决策技术。由于特高压交、直流输电通道具有远距离、大容量的特点，自然灾害等外部因素对电力系统安全稳定运行的影响显得更加突出，需要研究考虑自然灾害等不确定性因素的电力系统安全运行预警及辅助决策技术。

四、电力系统安全稳定控制体系“三道防线”（被动安全“三道防线”）

（一）快速切除故障元件，防止故障扩大

电力系统安全稳定控制体系（被动安全）的第一道防线是快速切除故障元件，防止故障扩大。主要由性能良好的继电保护装置构成，要求能够快速、精确、可靠地切除故障元件，将故障的影响限制在最小范围内，有效防止故障扩大。

快速、精确、可靠切除故障元件，必须确保继电保护系统和断路器可靠地正确动作，所以要加强二次设备管理，排除隐性故障，确保各种装置在各种可能情况下正确动作，不发生误动、拒动，有效防止故障的扩大。随着我国电力系统的发展，需要进一步深入研究特高压交直流混联电力系统的故障电气特性以及对继电保护的影响和对策；研究含大功率电力电子元件的灵活交流输电系统（FACTS）对继电保护的影响；研究大规模间歇式可再生能源发电接入后电力系统故障特征及保护配置和整定技术；研究适应特大型特高压交直流电力系统要求的继电保护标准体系；研究电力系统继电保护与控制系统的隐性故障特征挖掘、辨识、预警及预防技术。

（二）采取稳定控制措施，保持系统稳定运行

电力系统安全稳定控制体系（被动安全）的第二道防线是采取必要的切机、切负荷、解列、直流调制等安全稳定控制措施，防止系统失去稳定。

在故障扰动发生后，第一道防线正确动作切除故障元件，但由于故障比较严重，或第一道防线不正确动作导致故障扩大，而可能导致电力系统失去稳定时，为保持电力系统受扰动后的稳定运行而采取的措施，就是电力系统安全稳定控制体系（被动安全）的第二道防线，主要由电力系统安全稳定控制装置构成，要求能够准确、可靠地动作，保证电力系统能够维持稳定运行。

随着电力系统安全稳定控制技术的发展，需要进一步深入研究基于广域同步实测动态响应轨迹的电力系统特性分析及控制策略，研究基于广域量测信息的主动自适应解列方

法，间歇式可再生能源大规模并网安全稳定控制策略，交直流混联电力系统的协调控制技术，受端电力系统电压稳定紧急控制策略研究。特别是基于响应的电力系统安全稳定控制技术研究。

（三）系统失去稳定时，防止发生大面积停电

电力系统安全稳定控制体系（被动安全）的第三道防线是在系统失去稳定后，为防止发生大面积停电，而采取的解列、切负荷、切机等措施以及调度运行人员采取的紧急措施。

在电力系统安全稳定控制（被动安全）第二道防线正确动作但故障的严重程度超出第二道防线的设防范围，或第二道防线不正确动作导致系统稳定破坏时，为使稳定破坏的影响限制在最小范围、不发生大面积停电事故而采取的措施，就是电力系统安全稳定控制体系（被动安全）的第三道防线，也是最后一道防线。主要由失步解列、高频切机、低频切负荷、低压切负荷等自动装置和调度运行人员采取的紧急措施构成，要求能够有效防止大面积停电。

在自动控制方面，需要深化研究电网连锁反应故障和大面积停电发生的机理和特性。研究特大规模电网第三道防线配置及控制策略、研究大规模可再生能源并网与低频低压减载、解列、高周切机等第三道防线措施交互影响及协调控制策略。

在调度紧急控制方面，由于在系统稳定破坏的紧急控制中，调度员的紧急事故处理，已是防止大面积停电事故的最后一个环节。因此，在紧急事故处理时，调度员要掌握电力系统运行状态，判断事故发生性质及其影响范围，熟悉电力系统事故应急预案，采取一切必要手段，控制事故范围，有效防止事故进一步扩大，尽可能保证主网安全和重点地区、重要城市的电力供应。在事故处理中要敢于舍弃局部，保全整体。多年的运行经验说明，在处理紧急事故时敢于舍弃并不是权宜之计，而恰恰是防止发生大面积停电的有效手段。

本文从电力系统安全保障体系（主动安全）和电力系统安全稳定控制体系（被动安全）两个方面，提出了电力系统安全稳定综合防御体系的框架。电力系统安全保障体系（主动安全）由坚固的电网结构、最优的自动控制系统和安全的运行方式三道防线构成。电力系统安全稳定控制体系（被动安全）由快速切除故障元件、保持系统稳定运行和防止发生大面积停电三道防线构成。要充分利用信息、计算与控制领域的最新技术，通过构建坚固的电网结构，配置最优的自动控制系统，安排合理的安全运行方式，加强电力系统安全保障体系（主动安全）的三道防线。进一步完善电力系统安全稳定控制体系（被动安

全）的三道防线，保障我国特大规模交直流混联电力系统的安全稳定运行。

第四节　电力系统安全稳定性问题

一、概述

现代电力系统是一个由电能产生、输送、分配和用电环节组成的大系统。同时，由于电能的发、送、变、配、用电各个环节是同时进行，现代电力系统又是一个复杂的实时动态系统，这个系统除了包括发电、送电、变电、配电和用电设备外，还包括监测系统、继电保护系统、调度通信系统、远动和自动调控设备等组成的二次系统。在这个大系统中，其设备众多，分布区域很广，要保证每一台装置设备或每一条输电线路在任何时候都不发生任何故障是绝对不可能的。随着社会生产技术的发展，现代电力系统由于机组容量、电网规模不断扩大，电压等级不断提高，超高压远距离输电以及互联电网形成，使电网结构更加复杂，造成现代电力系统的控制管理极为困难，一个严重干扰都能波及全系统导致瓦解的严重后果。因此，保证电力系统安全稳定运行是一个极端重要的问题，只有在电力系统安全稳定运行的前提下，才有可能进一步考虑运行的经济性等问题。

当前的中国已步入大电网、高电压和大机组的时代。随着我国电力系统的日益发展和扩大，电力系统安全稳定问题已成为最重要的问题，越来越突出。解决好电力系统实时安全分析方法和安全稳定控制技术的研究和应用，已成为电力生产、运行、科研和制造部门的重要任务。不管在任何情况下，电力调度运行部门都要把电力系统安全稳定运行放在首位。

二、电力系统安全稳定的现状

电力系统中各同步发电机间保持同步是电力系统正常运行的必要条件，如果不能使各发电机相互保持同步或在暂时失去同步后不能恢复同步运行，将使电力系统失去稳定。电力系统稳定问题最早应追溯到 20 世纪初。当同步电机由单机运行发展到与其他同步发电机并列运行后，就出现电力系统稳定问题，特别是在发生故障情况下，有可能使发电机失去同步。电力系统稳定的破坏，往往会导致系统的解列和崩溃，造成大面积停电，所以保证电力系统稳定是电力系统安全运行的必要条件。在电力系统稳定研究中，除了维持发电机间的同步运行的稳定性外，还开展了电力系统的电压稳定和频率稳定性问题的研究。

近几十年来，国内外电力系统由于稳定被破坏，曾发生大面积停电事故，对国民经济造成极大损害，使社会和人民生活受到很大影响。

电力发展系统化规模化是电力工业的客观规律，是世界各国电力工业所走的共同道路。我国已进入高电压、大电网、大机组时代，大区电力系统的装机容量已达20000MW以上，我国电力系统已由以省内为主，发展到跨省的大区电力系统，并且大区电网之间也已开始互连。但是，大电力系统对安全性的要求更高，对运行技术和管理水平要求也更严格。当大电力系统发生事故，特别是发生稳定破坏和不可控的严重连锁反应时，停电波及的范围大，停电时间长，后果严重，特别当电网结构薄弱、管理不善而缺乏必要的技术防范措施时，则某一电气设备故障可能发展成为全面的大面积停电事故，正如上述国内外的大停电事故之例。因此，必须把保证大电力系统的安全稳定运行问题放在极为重要的位置，这是从国内外大电力系统发生的多次大停电事故中得出的客观规律。对于我国电力系统，长期以来输变电工程建设落后于发电工程，而发电工程又远落后于负荷增长的需要，电网结构相对薄弱，面对我国电力系统的容量不断增长，如何保证日益发展的大容量电力系统的安全稳定运行，是一项紧急而又重大的任务。

三、电力系统安全与稳定问题的研究

对电力系统而言，安全和稳定都是系统正常运行所不可缺少的最基本条件。安全和稳定是两个不同的基本概念。“安全”是指运行中的所有电力设备必须在不超过它们允许的电压、电流和频率的幅值和时间限额内运行，不安全后果导致电力设备损坏。“稳定”是指电力系统可以连续向负荷正常供电的状态，有三种必须同时满足稳定性要求：①同步运行稳定性；②电压稳定性；③频率稳定性。

电力系统失去同步运行稳定的后果是系统发生电压、电流、功率振荡，引起电网不能继续向负荷正常供电，最终可导致系统大面积停电。失去电压稳定性的后果，则是系统的电压崩溃，使受影响的地区停电。失去频率稳定性的后果是发生系统频率崩溃，引起全系统停电。

（一）电力系统稳定分析研究

电力系统的同步稳定问题一直是人们研究的重要课题。长期以来，无论是经典的还是现代的电力系统稳定性理论，不论是在稳定性机理、数学物理模拟、计算方法，还是在控制技术对系统稳定性的影响方面，主要集中在系统功角稳定性的研究上，并且由于控制理论、计算机技术的飞速发展及其在电力系统中的广泛应用，使得人们对于功角稳定性的研究认识达到了很高的阶段，所取得的理论和实用性成果，对系统安全运行发挥了巨大的作用。

电力系统的同步运行稳定分析一直是电力系统中最为关注的一种稳定性。在我国的现行规则上，把电力系统的同步运行稳定性分为三类：静态稳定、动态稳定和暂态稳定。但迄今为止，国际上对电力系统同步稳定性并没有统一的标准定义。IEEE（电气和电子工程师协会）提出新的建议。

1. 电力系统的静态稳定性

如果在任一小扰动后达到扰动前运行情况一样或相接近的静态运行情况的话，电力系统对该特定静态运行情况为静态稳定，又称为电力系统的小干扰稳定性。

2. 电力系统的暂态稳定性

如果在该扰动后（如三相短路等大扰动）达到允许的稳定情况，电力系统对该特定运行情况或对该特定扰动为暂态稳定。电力系统的暂态稳定水平一般低于系统的静态稳定水平，如果满足了大扰动后的系统稳定性，往往可同时满足正常情况下的静态稳定要求。但是，保持一定的静态稳定水平，仍是取得系统暂态稳定的基础和前提，有了一定的静态稳定裕度，就有可能在严重的故障下通过一些较为简单的技术措施去争取到系统的暂态稳定性。目前，对电力系统同步稳定运行的三个方面展开研究。

（1）研究分析长距离重负荷线路的静态稳定裕度的计算，将电力系统的数学模型进行线性化处理，采用频域法计算电力系统参数矩阵的特征值和特征向量。出现静态稳定问题的情况，多属单机对主系统模式。

（2）最能引起研究人员兴趣的是动态稳定计算分析，但在实际系统中，由于这种模式的稳定破坏并非常见，对其求解方法一般采用数值积分法，如欧拉法、龙格库塔法、隐式积分法的时域分析方法，计算结果给出功角与时间的曲线关系，以判别电力系统的动态稳定性。

（3）用来考虑大扰动对系统稳定运行的影响是暂态稳定问题。最大量的研究分析是暂态稳定性，由于系统的运行操作和故障经常大量发生，因此对暂态稳定性的正确评估，对电力系统安全运行具有头等重要意义。描述电力系统受到大干扰后的机电暂态过程是一组非线性状态方程式，大扰动引起的电力系统动态过程中，系统的许多参量都在大幅度范围内变化，现在的普遍做法是采用时域法，用数值积分法求解非线性方程，求得各机组间的相位差角对时间的变化曲线，或求出某一母线节点电压对时间的变化曲线。虽然用概率和统计分析方法来估算系统的安全性已经作了相当长时间的研究工作，但为了更加适应实时控制快速判断暂态稳定的需要，一些新方法被引入这个领域，如李雅普诺夫函数法、模式识别法、专家系统（Expert System）和人工神经网络（ANN）等方法。应用李雅普诺夫函数法，首先必须找到一个所谓的李雅普诺夫函数。对一个特定的动态系统，如果找到这样的函数，就不必去求解系统的微分方程组，就可以直接判定这个系统的稳定性。事实上，在很多电力系统暂态稳定性研究中，就是把系统所存储的总能量函数作为李雅普诺夫函数的。19 世纪提出的李雅普诺夫直接法是非线性系统稳定性理论的重大进展，20 世纪 30 年代初期苏联学者不仅用 park 方程研究高电压远距离输电，也提出用能量准则分析电力系统能量积分的论文，直到 60 年代下半叶才出现李雅普诺夫稳定意义上的电力系统稳定分析的论文，70 年代末期在美、日等国提出的暂态能量函数方法是对李雅普诺夫函数法的改进。近 10 多年来，国内外学术界在其函数构造、稳定域估计、动态安全分析与控制方面研究发展迅速，国内国际上发表了大量论文和专著。此方法克服传统数值积分方法在线应用计算负担较重的弱点，因其能够定量度量稳定度，适合于灵敏度分析以及对极限参数的快速计算，因此近 10 多年来其方法一直是电力系统研究领域中十分活跃的一个分支。

近年来，随着人工智能方法在电力系统中的应用，人工神经网络也应用于对暂态稳定的研究。唐巍提出了一种利用人工神经元进行电力系统暂态稳定分析的方法，该神经网络取故障后系统暂态量为特征量，采用 BP 算法进行训练，将样本空间进行模式分类，并对不同类样本作不同处理，最后以实际系统为例，将选用暂态特征与选用稳定特征进行比较，验证了选用暂态特征的准确性和有效性。电力系统暂态稳定分析要求针对当前运行工况及时准确地作出判断，人工神经网络理论的应用为这一问题的解决引入了一个全新的思维模式，不需求解非线性方程，只需建立所研究问题与人工神经网络输入与输出的影射关系，离线训练网络，在线并行计算，以满足电力系统暂态稳定分析的要求。目前将 ANN 应用于电力系统暂态稳定分析的实例越来越多。

近年来，在国外的一些电力系统中出现过因电压或频率不稳定、电压或频率崩溃而导致的大面积停电，特别是电压问题在世界范围内引起广泛重视和关注，许多专家和学者投入电压稳定性研究中，使这项研究到目前为止取得了一系列成果，这些分析方法可以大致归纳为以下几个方面。

第一，应用潮流方程的可行解域研究电压稳定，从分析电力系统静态数学模型的解析性质入手研究潮流问题的可靠解域及其性质，得出了具有理论价值的结论。通过研究潮流问题的可行解域，可确定给定注入矢量（包括潮流方程的 PQ 节点的有功无功注入，PV 节点的有功注入的电压幅值）对应的潮流计算不收敛的原因，可以计算出静态电压稳定裕度和临界电压。

第二，应用潮流方程多值解的性质研究电压稳定性，由于潮流方程的非线性，在给定的节点注入量下，其解不唯一，存在多值性。在潮流多值解中，低幅值电压解是不稳定运行解的思想，如果某种干扰使系统运行由高电压解转移到低电压解，即所谓的模式转移，那么系统中的无功/电压控制作用失效，加剧电压下降过程，表现为对系统电压失去控制，导致电压崩溃。因此，低幅值电压解对电压不稳定负有直接的责任，通过研究潮流方程的多值解来分析系统电压稳定性。

第三，采用人工神经网络研究电压稳定性，虽然潮流的可行解域和多个值解法从理论上可以研究系统的工作点的稳定裕度。但计算复杂，实际应用困难。针对这些问题，采用人工神经元网络来研究电压稳定问题，为系统的优化调整提供帮助，并且方便地与潮流程序相结合，计算量大为减少。目前在中国开展对电力系统电压稳定性的研究不仅具有较高的理论价值，而且是当前以及今后电力生产发展的迫切需要，因此迫切需要研究出新的分析方法和应用软件来解决这一实际问题。

（二）电力系统安全分析研究

电力系统安全分析包括静态安全分析和动态安全分析，它们是电力系统调度运行工作的一个主要内容。安全分析是指在当时的运行情况下，系统有对应的潮流分布，当系统出现故障后，进入稳定后或暂态过程中，对电力系统进行计算分析，分析系统是否运行在安全约束条件以内，有多大安全储备能力，并在实时潮流基础上进行预想事故评定。电力系统调控中心进行在线安全分析的目的是对电力系统在当前运行情况下的安全状况作出评价，从而预先采取合理的控制措施。当处于安全状态的电力系统受到某种扰动，可能进入警告状态，通过静态安全控制（即预防性控制），如调整发电机电压或出力、投入电容器等，使系统转为安全状态。电力系统在紧急状态下为了维持稳定运行和持续供电，必须采取紧急控制，通过动态安全控制，系统可以恢复到安全状态，也可能进入恢复状态。通过恢复控制，使系统进入安全状态。这些安全控制是维持电力系统安全、经济运行的一个保证手段，一般由电力系统调度中心的能量管理系统（EMS）实施，如静态安全分析、动态安全分析。电力系统的静态与动态安全分析包括三个子问题：预想事故选择、预想事故评估、安全性指标计算。

近10年来，电力系统安全分析研究取得如下成果。

1. 在静态安全分析研究中，过去很长时间广泛采用的是逐点分析法，它需要对偶然事故表中所有运行条件逐一解潮流方程，取得潮流的再分布状况，对所求各母线电压和各支路的功率进行越限检查，并检查是否满足安全性，因此计算量大。对此，各国进行大量研究，在程序技巧上提出稀疏矩阵的压缩存储和节点编号优化等方法，在求解潮流的算法上相继提出直流潮流法、牛顿-拉夫逊法、PQ分解法和快速解耦法等。近年来一种新的静态安全分析法——安全域分析法引起了人们的重视。从完整的在线安全分析来看，应对扰动发生后，电力系统的静态行为和动态行为两个方面进行。但是过去侧重于静态安全分析，认为动态安全分析的计算量大，算法太复杂。随着这几年许多国家相继发生了电力系统电压崩溃事故，同时在许多国家大容量电厂、超高压远距离输电线路的不断建成并投入运行，形成了多区域多层次的联合电力系统，因此世界各国对电力系统的动态安全分析研究十分重视，提出了一些新的理论分析方法。

2. 人工智能方法在电力系统安全分析中的应用研究已成为这一研究领域的一个活跃分支。人工智能是指用机器来模拟人类的智能行为，包括机器感知（如模式识别、人工神经元网络等）、机器思维（如问题求解、机器学习等）和机器行为（如专家系统等）。人工智能是当前发展迅速、应用最广泛的学科，其中专家系统和人工神经网络是人工智能的两个很活跃的分支。电力系统安全分析的各个方面几乎都已经引入了专家系统的思想，并且已有了实际运行的安全分析专家系统。

建造专家系统最困难的是知识获取，解决知识获取问题的有效方法是实现知识自学习。目前认为用神经网络实现是一种有前途的方法。ANN的一个主要特征是能够学习，可以从输入样本中，通过自适应学习产生所期望的知识规划，ANN是并行、分布、联想式的网络系统，很适合解决复杂的模式识别。由于人工神经网络的BP模型可以模拟任意复杂的非线性关系，能很好地解决分类器问题，并通过自学习功能实现。因此，使用ANN进行静态和动态安全分析受到各国的极大重视，已有一批成果在有关文献中报道。

在20世纪60年代后，国内外电力系统曾发生过多次严重的大面积和长时间停电事故，这致使电力系统安全稳定问题受到极大重视，并为此进行了大量的理论科学研究和工程实践，但到目前为止还有不少问题尚未得到很好的解决，如超高压远距离输电与互联电网的安全稳定分析方法与控制策略问题。大容量机组投入电力系统运行，如何解决好系统与大机组的安全协调问题；如何最优解决有功调度中系统安全问题与经济问题的协调问题等。

另外，近年来实时相角测量技术的发展已为现代电力系统安全稳定分析开辟了一个新的领域，为超高压大电网的安全运行监控提供了新的手段。

第五节　电力系统在线安全稳定性综合辅助决策

一、概述

当检测到电网中出现不安全现象或者预想事故下存在安全稳定问题时，需要调度员采取措施来实施紧急控制或预防控制。但仅凭经验或者离线预案，调度运行人员不仅无法确认措施执行后系统的安全稳定状态，而且可能由于运行方式多变导致控制策略的失配。因此，调度运行辅助决策是智能电网调度控制系统的重要组成部分，通过为调度运行人员提供与运行方式相适应的决策支持，提升快速、正确处理复杂故障场景的能力，实现安全性和经济性的协调。

调度运行辅助决策通过多种类型的控制手段，将系统的状态点移向参数空间中的安全域令电网新技术与电力系统安全稳定。除了描述需要满足运行约束的运行可行域，安全稳定域还包括描述预想事故下系统安全稳定性的可行域，包括静态安全域、暂态稳定域、小扰动稳定域和电压稳定域等。根据控制时机不同，调度运行辅助决策可以分为紧急状态时的校正控制辅助决策和预防控制辅助决策。

紧急状态辅助决策基于对电网实时状态的分析，主要解决设备过负荷、系统持续振荡、事故后电压严重跌落等问题。预防控制辅助决策针对的是电网预想故障后潜在的安全稳定问题。

调度运行辅助决策的计算是一个优化问题，优化算法主要可以分为数学规划类方法和基于控制性能指标的启发式方法。对于实际大电网而言，大多数安全稳定问题具有高维、强时变、强非线性的本质。因此，满足安全稳定要求的辅助决策计算是一个复杂的高维非线性规划问题，相对于采用数学规划的求解方法，基于控制性能指标的启发式方法易于满足实际应用中对于计算方法适应性和计算速度的需求，因而得到更广泛的应用。

目前互联大电网的动态行为和失稳模式特性日益复杂，各类安全稳定问题相互交织，多种安全稳定隐患可能同时出现，而解决不同安全稳定问题的各类辅助决策功能可能给出相互矛盾的措施，需要在辅助决策计算中考虑多种安全稳定问题之间的协调优化。综合动态安全和静态电压稳定的协调预防控制方法，采用综合安全约束的最优潮流模型来描述协调预防控制问题，基于控制灵敏度将综合安全约束解耦转化为一个线性优化模型，并采用连续线性规划方法来求解，但该方法在实际应用中还存在诸多困难。除此以外，该方面研究成果相对较少。

调度运行辅助决策的控制手段包括调整开机方式、有功与无功出力、网络拓扑、进相运行、直流功率、无功补偿和限制负荷等。不同类型的控制措施在执行时的优先级不同。因此，调度运行辅助决策的求解方法应支持按照不同类型控制措施的优先级顺序逐级进行决策优化。在目前的辅助决策算法中，控制目标通常为代价最小，通过在目标函数中对不同的控制类型设置对应的权因子，实现对控制措施优先级的要求。但在实际应用中面临权因子的取值问题，并不能完全满足需求。基于多算法封装流程自定义组态技术开发的调度运行辅助决策系统，可集成到智能电网调度控制系统中，目前已在多个网省公司的调度控制中心得到应用，实际案例证明了该系统的有效性。

二、辅助决策优化问题

由于复杂大电网高维、强时变、强非线性的特性，上述方法在实际应用中至少面临以下问题：难以找到满足要求的控制指标，基于领域的线性化方法得到的控制灵敏度不准确。

目前获得应用的程序采用 EEAC 计算机组参与因子（参与因子体现了元件对安全稳定性的贡献程度），按多故障裕度加权并控制代价得到控制性能指标，排序后首尾配对依次参与控制，逐步调整直至找到最终方案。上述方法属于启发式算法，虽然从理论上无法保证获得全局最优解，但绝大多数情况下可以得到可行和优化的调整方案。

对于相对简单和线性化程度较好的支路过载辅助决策，主要有优化规划法和灵敏度方法。优化规划法通过求解数学模型（包括优化目标和各种安全约束条件）得到控制方案，除存在计算收敛性的问题外，在实际工程中还需要考虑以下问题：①兼顾调整量最小和调整元件最少，调整元件尽量少是为了方便调度人员操作；②从调度公平的角度出发，性能相近的元件具有相同的调整量；③在不能完全解决过载问题时需要给出一个次优解；④需要考虑投入线路（负荷转供）等离散控制变量。基于灵敏度的启发式算法没有收敛性问题，便于考虑多种实际工程问题和编程实现，在目前的实际工程中获得了更广泛的应用，但给出的控制方案不能保证数学意义上的最优。

其他安全稳定问题包括静态电压稳定、小扰动稳定等的辅助决策与暂态功角和支路过载情况相似，实际工程中大多采用基于灵敏度（参与因子）的启发式算法，而不再直接采用数学方法求解优化模型。

在当前的在线动态安全分析与控制中，通常采用同构的计算节点组成计算集群，利用分布式并行计算技术以满足对计算速度的要求，因此，要求辅助决策计算方法能充分利用计算资源。目前的方法是基于枚举并行的方式，将可能的调整方案下发至计算节点并行计算，最终在计算结果中选择满足要求的方案作为辅助决策措施。这也是实际工程中大多采用基于灵敏度（参与因子）的启发式算法的另一个原因。

三、考虑多种安全稳定约束的综合辅助决策方法

（一）问题描述

如果采用数学规划的方法，将所有的安全稳定问题在统一的计算框架下进行求解，除了计算量大的问题外，更为重要的是对于单独的暂态稳定问题，如上文所述，目前尚难以找到满足实际电网需求的规划类算法，对于其他安全稳定问题，依然存在类似的问题。因此，本研究采用实用化的启发式方法以满足实际工程的要求。

（二）多种安全稳定问题的综合辅助决策

将紧急状态和预想故障后可能存在的多种安全稳定问题按重要和复杂程度进行排序，由此获得各问题的计算队列，按计算队列的先后顺序分别进行串行计算。

前一辅助决策计算完成后，根据计算结果调整电网运行方式，后续计算在之前的计算基础上进行。为避免后续计算影响已计算的结果，每一辅助决策计算完成后，均须输出安全稳定裕度指标对候选控制措施的灵敏度。若无法得到相关的灵敏度。则输出候选控制措施的参与因子，后续计算将其作为对控制方向的约束加以考虑，对灵敏度或参与因子大于门槛值的候选控制措施，控制方向不能与之前辅助决策计算的方向相反。

然而，上述算法并不是数学意义上的规划算法，而是启发式算法，存在以下主要问题。

1. 算法要求控制措施的控制方向不能与之前辅助决策计算的方向相反。实际上对于灵敏度或参与因子大小不同的控制措施，即使控制方向均要求减少，也完全可以通过减少控制效果大的措施控制量，同时增加控制效果较小的措施控制量而达到控制要求。因此，算法的要求实际上减少了候选控制措施的调整范围，可能导致原本可以获得解的问题无法

得到满足要求的解。为了尽量减少上述问题的影响，除了按照控制性能指标门槛值筛选有效控制措施外，还将辅助决策的多种安全稳定问题按重要和复杂程度进行排序，优先解决相对重要和急迫的问题并输出控制措施。在实际的工程应用中，对于预防控制辅助决策，暂态功角稳定问题因其快速失稳和后果相对严重可以优先考虑解决；过载和电压越限等静态安全问题允许有一定的调度处理时间而其次解决；静态电压稳定问题因要求保留必需的稳定裕度可以再顺次解决；而对于小干扰稳定辅助决策，因为计算模型和参数准确性的问题，仿真计算的阻尼比距离实际情况差距较大，可以最后解决。

2. 算法将各种安全稳定问题的辅助决策计算串行进行，因此计算速度相对较慢。

3. 算法不能完全保证最终得到的辅助决策措施满足所有安全稳定要求，原因如下：①为了避免后续辅助决策控制措施恶化系统的安全稳定性，需要同时输出不安全以及接近不安全的元件或者故障模式关联有效控制措施的灵敏度，并在后续的辅助决策计算中加以考虑。即使如此，依然可能存在潜在的不安全或失稳模式，在后续的辅助决策措施调整后而失去安全稳定。②为了满足控制目标函数的要求，各辅助决策功能均要求控制到临界安全，后续辅助决策措施造成的微小参数变化可能会导致不安全。

（三）预防控制和紧急状态辅助决策的协调

紧急状态辅助决策在电网出现设备过载、断面越限、电压越限、频率越限和低频振荡等紧急状态时，提供紧急状态下的调整措施，以抑制或消除相关紧急状态，在控制时间紧迫性上远超预防控制。因此，若电网处于紧急状态，则首先进行紧急状态辅助决策计算并输出计算结果，之后根据计算结果调整电网运行方式，重新进行预想故障下的安全稳定评估，对于电网仍然存在的安全稳定问题，进行预防控制辅助决策计算。

1. 分解协调

针对计算速度相对较慢的问题，对于耦合关系不强的多种安全稳定问题，可以进一步考虑采用分解协调的方法提高计算速度。将考虑的多种安全稳定问题进行分类，关系密切、耦合程度较强的问题分为同一类别，而不同类别的安全稳定问题可以考虑并行计算以提高计算速度。考虑到电力系统的特点，实际工程中通常可将与有功功率/相角相关的设备过载、暂态功角稳定、动态稳定等问题归为一类，与无功功率/电压密切相关的电压越限、静态电压稳定等问题归为另一类。对于按并行流程计算的各类安全稳定问题的计算结果，需要根据灵敏度信息进行合并得到综合控制措施，合并原则如下：①若控制措施控制量方向相同，则取各措施中的最大值；②可能存在控制措施控制量方向相反的情况，则根据安全稳定问题的相对急迫性和重要性确定控制措施的调整方向和调整量，优先选取更为重要和急迫的安全稳定问题控制措施调整方向和调整量。

2. 递归迭代

算法不能完全保证最终得到的辅助决策措施满足所有安全稳定要求，分解协调并行计算也可能会引起控制措施冲突的问题，因此采用递归迭代的方法加以解决。根据最终得到的控制措施调整电网运行方式，重新进行安全稳定评估，若仍然存在安全稳定问题，则接受已计算出的控制措施，同时输出本轮计算候选控制措施的参与因子和灵敏度信息作为后续计算的稳定约束，重新开始计算；否则，终止计算过程。

上述方法属于启发式算法，虽然从理论上无法保证获得全局最优解，但在绝大多数情况下可以得到可行和优化的调整方案。上述方法的另一个特点就是无须修改目前成熟的数值仿真和辅助决策计算程序，仅仅需要对计算结果进行数据挖掘。

（四）考虑多种措施类型优先级的策略寻优

辅助决策措施包含多种类型，对于各类发电机有功出力调节，水电机组因其成本较低和调节速度快而优先调节，抽水蓄能尽量少发和少抽，一般情况下考虑新能源消纳要求不调节其有功功率，在要求的时间范围内由发电机调节速度（爬坡率）得到其可调节容量。负荷控制采用拉电序位表，优先采用转供措施，其次按序位表顺序将调整量下发给地调。一般情况下，电压越限首先调整容抗器投切，过电压严重时考虑调整机组无功功率。发电机投停和变压器分接头调整等措施一般情况下较少采用。

辅助决策程序按设置的优先级顺序调整，不同类型控制措施，计算各控制措施的综合性能指标，根据设置的门槛值筛选有效控制措施，当同一类型有效控制措施均调整完成时，转入调整下一优先级的控制措施。相同优先级的措施按控制性能代价比、指标大小顺序调整，但从调度公平的角度出发，性能代价相近的措施应同时调整，如一个厂站内性能代价相近的机组应按照相同比例同时调整，避免单独调整某一台或几台机组。

四、系统设计

调度运行辅助决策系统包括数据获取、参数设置、各类决策优化、安全稳定评估和结果展示等模块。决策优化模块包括紧急状态辅助决策和预防控制辅助决策。

紧急状态辅助决策包括设备过载辅助决策、断面越限辅助决策、电压越限辅助决策、静态功角稳定辅助决策和低频振荡辅助决策等。预防控制辅助决策包括静态安全辅助决策、短路电流辅助决策、暂态稳定辅助决策、小扰动稳定辅助决策和静态电压稳定辅助决策等。

从各个电网的实际需求出发，调度运行辅助决策的各算法之间不是单一固定的串行流程，算法之间既存在串行关系，又存在并行的可能。综合辅助决策需要多算法的交互迭代，某些算法的结果可能作为其他算法启动的触发条件，下一步采用何种算法，需要根据上一步的分析结果决定，且计算环境参数动态变化。调度运行辅助决策需要各种分析计算软件通过有序的组织来实现，但目前多算法封装尚缺乏有效的方法，算法的组织和配置需要预先定制，扩展性差，从而导致稳定分析计算维护工作量大，开发周期长。

采用多算法封装流程自定义组态方法，将算法组织形式从预先定制提升为灵活组态，提高了计算的可扩展性，可以满足各个电网安全稳定特性和需求的差异化。多算法封装流程自定义组态方法包括以下步骤。

步骤1：将计算功能划分为若干计算任务，按照统一的接口封装算法程序，每个计算任务对应一个算法程序，完成独立的计算功能，且可以设置计算条件。将各算法程序按照统一的接口封装，主要涉及数据接口、标志交互接口和异常处理接口。数据交互接口是指算法程序与计算流程组织模块之间的数据交互机制；标志交互接口是指算法程序与计算流程组织模块之间的信号交互机制；异常处理接口是指算法程序计算异常时的处理机制。接口封装提供了统一的调用方式，定义了交互的标志文件，屏蔽接口差异，有利于系统的集成与扩展。

步骤2：采用面向任务的组态语言，将计算任务和计算条件组织成计算流程组态定义文件。面向任务的组态语言由计算任务、计算条件等关键字，以及各种操作数、操作符构成。

步骤3：计算流程组织程序按照计算流程组态定义文件，以检测当前计算任务的计算条件是否满足。若条件满足就启动该任务的计算；否则该计算任务一直等待，直到计算条件满足。

步骤4：通过对计算任务、算法程序进程赋予唯一的识别码进行计算任务与进程的匹配，通过计算条件的逻辑运算进行流程控制。其步骤如下：①每个计算任务对应一个算法程序，包括该算法程序对应的启动参数、配置文件、运行环境等；②对各计算任务赋予识别码ID（计算任务的唯一标志），对各算法程序赋予进程识别码ID（算法程序的唯一标志），对算法程序定义相关的计算属性，如启动参数、运行环境等；③将计算任务ID与计算进程ID建立映射关系，实现计算任务与算法程序的绑定；④计算任务通过关键字进行标识，计算条件通过关键字、操作数和操作符进行标识；⑤计算组织流程程序解析计算条件，将计算条件转换成逻辑表达式，进行逻辑运算，根据逻辑运算结果，确定计算任务的计算条件是否成立，如条件满足，则启动计算任务。

步骤 5：若其他计算任务都已完成，但处于等待状态的计算任务的计算条件还不满足，则该等待计算任务自动退出，并通知计算组织流程程序，退出整个计算过程。

第三章　电力系统电压和无功功率控制技术

第一节　电压控制的意义

电力系统中的有功功率电源是集中在各类发电厂中的发电机，而无功功率电源除发电机外，还有调相机、电容器和静止补偿器等，它们被分散安装在各个变电所。一旦无功功率电源设置好，就可以随时使用，而无须像有功功率电源那样消耗能源。由于电网中的线路以及变压器等设备均以感性元件为主，因此系统中无功功率损耗远大于有功功率损耗。电力系统正常稳定运行时，全系统频率相同。频率调整集中在发电厂，调频控制手段只有调整原动机功率一种。而电压水平在全系统各点不同，并且电压控制可分散进行，调节控制电压的手段也多种多样。所以，电力系统的电压控制和无功功率调整与频率及有功功率调整有很大的不同。

电压是衡量电能质量的一个重要指标，质量合格的电压应该在供电电压偏移、电压波动和闪变、高次谐波和三相不对称程度（负序电压系数）这四个方面都能满足国家有关标准规定的要求。保证用户电压质量是电力系统运行调度的基本任务之一。

各种用电设备都是按额定电压进行设计和制造的，在额定电压下运行才能取得最佳效果。电压过高，偏离额定值，将对用户产生不良影响，直接影响工农业生产产品的质量和产量，甚至会使各种电气设备的绝缘受损，设备损坏。变压器，电动机等的铁损增大，温升增加，寿命缩短，特别是对各种白炽灯的寿命影响更大。

当系统电压降低时，对用户的不利影响主要有四个方面。

1. 各类负荷中所占比例最大的异步电动机的转差率增大，定子电流随之增大，发热增加，绝缘加速老化，这些均影响着电动机的使用寿命。异步电动机的电磁转矩是与其端电压平方成正比的，当电压降低 10%时，转矩大约降低 19%。当电压太低时，电动机可能由于转矩太小，带不动所拖动的机械而停转。

2. 电动机的起动过程大为延长，甚至可能在起动过程中因温度过高而烧毁。

3. 电炉等电热设备的出力大致与电压的平方成正比，因此电压降低会延长电炉的冶炼时间，从而影响产量。

4. 使网络中的功率损耗加大，电压过低还可能危及电力系统运行的稳定性。

电压偏移过大不仅影响用户的正常工作，对电力系统本身也有不利的影响。在系统中无功功率不足、电压水平低下的情况下，某些枢纽变电所会发生母线电压在微小扰动下顷刻之间大幅度下降的“电压崩溃”现象，这更可能导致一种极为严重的后果，即导致发电厂之间失步、整个系统瓦解的灾难性事故。

在电力系统的正常运行中，随着用电负荷的变化和系统运行方式的改变，网络中的电压损耗也随之发生变化。要严格使用户在任何时刻都有额定电压是不可能，也是没有必要的。实际上，大多数用电设备在稍许偏离额定值的电压下运行仍然可以正常工作。因此，根据需要和可能，从技术和经济两方面综合考虑，为各类用户规定一个合理的允许电压偏移是完全必要的。

在事故后的运行状态下，由于部分网络元件退出运行，网络等值阻抗增大，电压损耗将比正常时大，考虑到事故不会经常发生，非正常运行的时间不会很久，所以允许电压偏移比正常值再多5%，但电压升高总计不允许超过10%。

综上所述，电力系统电压控制是非常必要的。采取各种措施，保证各类用户的电压偏移在上述范围内，这就是电力系统电压控制的目标。

第二节　无功功率平衡与系统电压的关系

一、电力系统中的无功功率负荷

电力系统中的无功功率主要消耗在异步电动机、变压器和输电线路这三类电气元件中，分述如下。

（一）异步电动机

异步电动机在电力系统负荷中所占比重最大，也是无功功率的主要消耗者。当异步电动机满载时，其功率因数可达0.8，但是当轻载时，功率因数却很低，可能只有0.2~0.3，这时消耗的无功功率在数值上比有功功率多。

电动机的受载系数，即实际拖带的机械负荷与其额定负荷之比。在额定电压附近，异步电动机所消耗的无功功率随端电压上升而增加，随端电压下降而减少，但是当端电压下降到 70%~80%额定电压时，异步电动机所消耗的无功功率反而增加。这一特性对电力系统运行的稳定性有重要影响。

（二）变压器

变压器损耗的无功功率数值也相当可观。假如一台空载电流为 2.5%，短路电压为 10.5%的变压器在额定满载下运行时，其无功功率的消耗可达到额定容量的 13%左右。如果从电源到用户要经过 4 级变压，则这些变压器中总的无功功率消耗会达到通过的视在功率的 50%~60%，而当变压器不满载运行时，所占的比例就更大。

（三）输电线路

电力线路上的无功功率损耗可正可负。因为除了线路电抗要消耗无功功率之外，线路对地电容还能发出无功功率。当线路较短，电压较低时，线路电容及其发出的无功功率很小，所以线路是消耗无功功率的。当线路长，电压高时，线路对地电容及其发出的无功功率将会很大，甚至超过了线路电抗所吸收的无功功率，这时线路就发出无功功率了。

一般来说，35kV 及以下电压的架空线路都是消耗无功功率的。110kV 及以上电压的架空线路在传输功率较大时，也还会消耗无功功率；当传输的功率较小时，则可能成为向外供应无功功率的无功电源。

二、电力系统中的无功功率电源

电力系统中的无功功率电源向系统发出滞后的无功功率，一般有以下几类无功电源：一是同步发电机和过激运行的同步电动机；二是无功补偿设备，包括同步调相机、并联电容器、静止无功补偿装置等；三是 110kV 及以上电压输电线路的充电功率。

（一）同步发电机

同步发电机既是电力系统中唯一的有功功率电源，同时也是最基本的无功功率电源。它所提供给电力系统的无功功率与同时输出的有功功率有一定的关系，由同步发电机的 $P-Q$ 曲线（又称为发电机的安全运行极限）决定，如图 3-1 所示。

同步发电机只有运行在额定状态（即额定电压、电流和功率因数）下的 N 点，视在功率才能达到额定值 S_{GN}，发电机容量才能得到最充分的利用。同步发电机低于额定功率因数运行时，发电机的输出视在功率受制于励磁电流不超过额定值的条件，从而将低于额定视在功率 S_{GN}。同步发电机高于额定功率因数运行时，励磁电流的大小不再是限制的条件，而原动机的输出功率又成了它的限制条件。因此，同步发电机允许的有功功率输出和允许的无功功率输出的关系曲线大致如图 3-1 中的实线连线变化。

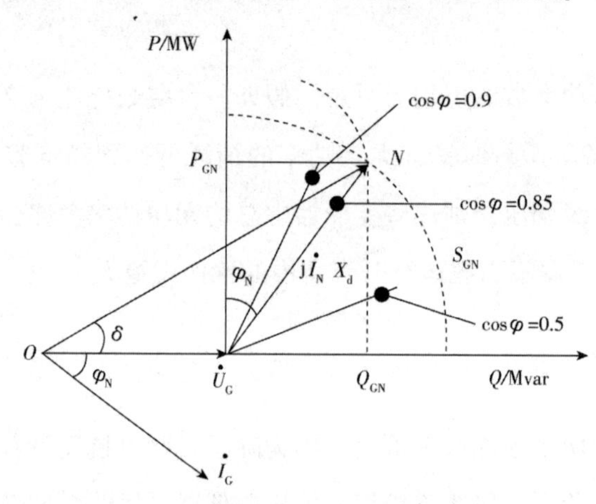

图 3-1　同步发电机的 $P-Q$ 曲线

同步发电机发出的无功功率为

$$Q_{GN}=S_{GN}\sin\varphi_N=P_{GN}\tan\varphi_N \tag{3-1}$$

式中　S_{GN}——为发电机的额定容量，MVA；

P_{GN}——为发电机的额定有功功率，MW；

Q_{GN}——为发电机的额定无功功率，Mvar。

根据我国的行业标准，同步发电机的额定功率因数为 0.8（滞后），这就意味着当同步发电机运行于额定工况时，所发的无功功率为有功功率的 3/4，例如一台 10 万 kW 的发电机，当有功出力为 10 万 kW，其无功出力即为 7.5 万 kW。大型发电机受制造上的制约，额定功率因数随容量的增大而增高，因而额定无功功率相对下降。

同步发电机以超前功率因数运行时，定子电流和励磁电流大小都不再是限制条件，而此时并联运行的稳定性或定子端部铁芯等的发热成了限制条件。由图 3-2 可知，当电力系统中有一定备用有功电源时，可以将离负荷中心近的发电机低于额定功率因数运行，适当降低有功功率输出而多发一些无功功率，这样有利于提高电力系统电压水平。当发电机有功出力降为零而励磁电流保持额定时，发电机可有最大的无功出力。

（二）同步调相机

同步调相机（synchronous condenser，SC）是专门用来产生无功功率的同步电机，可视为不带有功负荷的同步发电机或是不带机械负荷的同步电动机。当过激运行时，它向电力系统提供感性无功功率而起无功电源的作用，能提高系统电压；欠激运行时，从电力系统中吸收感性无功功率而起无功负荷的作用，可降低系统电压。因此，改变同步调相机的励磁，可以平滑地改变它的无功功率的大小及方向，从而平滑地调节所在地区的电压。但是在欠激状态下运行时，由于运行稳定性的要求，欠励磁时转子励磁电流不得小于过励磁时最大励磁电流的50%，相应地，欠激运行时其输出功率为过激运行时输出功率的50%~65%。同步调相机在运行时要产生有功功率损耗，一般在满负荷运行时，有功功率损耗为额定容量的1.5%~5%，容量越小，有功功率损耗所占的比重越大。在轻负荷运行时，有功功率损耗也要增大。

同步调相机一般装设有自动电压调节器，根据电压的变化可自动调节励磁电流，以达到改变输出无功功率的作用，使节点电压控制在允许的范围内。调相机的优点是，它不仅能输出无功功率，还能吸收无功功率，具有良好的电压调节特性，对提高系统运行性能和稳定性有一定的作用。同步调相机适宜于大容量集中使用，安装于枢纽变电站中，以便平滑地调节电压和提高系统稳定性，一般不安装容量小于5MVA的调相机。

自20世纪20年代以来的几十年中，同步调相机在电力系统无功功率控制中一度发挥着主要作用。然而，由于它是旋转电机，因此损耗和噪声较大，运行维护复杂，而且响应速度慢，在很多情况下已无法适应快速无功功率控制的需要。所以自20世纪70年代以来，同步调相机开始逐渐被静止无功补偿装置（static var compensator，SVC）所取代，目前有些国家甚至已不再使用同步调相机。

（三）静电电容器

静电电容器可以按三角形接法或星形接法成组地连接到变电站的母线上，其从电力系统中吸收容性的无功功率，也就是说可以向电力系统提供感性的无功功率，因此可视为无功功率电源。由于单台容量有限，它可根据实际需要由许多电容器连接组成。因此，容量可大可小，既可集中使用，又可分散使用，并且可以分相补偿，随时投入、切除部分或全部电容器组，运行灵活。电容器的有功功率损耗较小（占额定容量的0.3%~0.5%），其单位容量的投资费用也较小。

静电电容器输出的无功功率 Q_C 与其端电压 U 的平方成正比，即

$$Q_C = \frac{U^2}{X_C} = U^2 \omega C \tag{3-2}$$

式中 X_C——为电容器的容抗；

ω——为交流电的角频率；

C——为电容器的电容量。

由式（3-2）可知，当电容器安装处节点电压下降时，其所提供给电力系统的无功功率也将减少，而此时正是电力系统需要无功功率电源的时候，这是其不足之处。

由于静电电容器价格便宜，安装简单，维护方便，因而在实际中仍被广泛使用。目前电力部门规定各用户功率因数不得低于 0.95，所以一般均采取就地装设并联电容器的办法来改善功率因数。

（四）静止无功补偿装置

并联电容器阻抗是固定的，不能跟踪负载无功需求的变化，也就是不能实现对无功功率的动态补偿。而随着电力系统的发展，对无功功率进行快速动态补偿的需求越来越大。

早期的静止无功补偿装置是饱和电抗器（saturated reactor，SR）型的，如图 3-2（a）所示。英国 GEC 公司制成了世界上第一批饱和电抗器型静止无功补偿装置。饱和电抗器与同步调相机相比，具有静止型的优点，响应速度快。但是由于其铁芯需磁化到饱和状态，因而损耗和噪声都很大，而且存在非线性电路的一些特殊问题，又不能分相调节以补偿负荷的不平衡，所以未能占据静止无功补偿装置的主流。

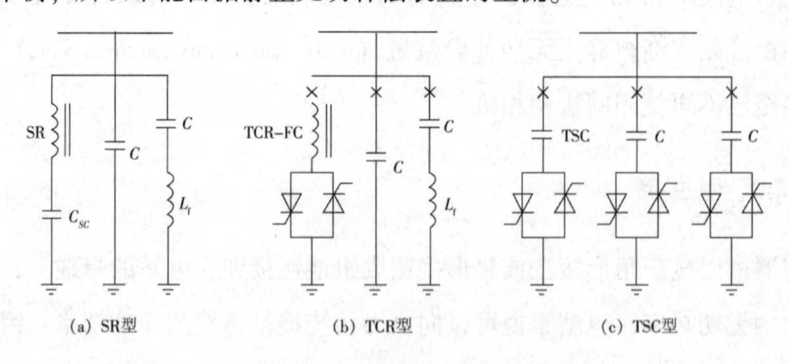

图 3-2 静止无功补偿装置

美国 GE 公司首次在实际电力系统中演示运行了其使用晶闸管的静止无功补偿装置。在美国电力研究院（Electric Power Research Institute，EPRI）的支持下，西屋电气公司（Westinghouse Electric Corp）制造的使用晶闸管的静止无功补偿装置投入实际运行。

由于使用晶闸管的静止无功补偿装置具有优良的性能，所以近 40 年来，在世界范围内其市场一直在迅速而稳定地增长，已占据了静止无功补偿装置的主导地位。因此，静止无功补偿装置（SVC）这个词往往专指使用晶闸管的静止无功补偿装置，包括：晶闸管控制电抗器（thyristor controlled reactor，TCR），如图 3-2（b）所示；晶闸管投切电容器（thyristor switched capacitor，TSC），如图 3-2（c）所示；这两者的混合装置（TCR+TSC），或者晶闸管控制电抗器与固定电容器（fixed capacitor，FC）或机械投切电容器（mechanically switched capacitor，MSC）混合使用的装置（如 TCR+MSC 等）。

随着电力电子技术的发展，20 世纪 80 年代以来，出现了一些更为先进的静止型无功补偿装置，如静止无功发生器（static var generator，SVG），静止补偿器（static compensator，STATCOM）等。SVG 主体是电压源型逆变器，适当控制逆变器的输出电压，就可以灵活地改变 SVG 的运行工况，使其处于容性负荷、感性负荷或零负荷状态。与 SVC 相比，SVG 具有响应快、运行范围宽、谐波电流含量少等优点。尤其是当电压较低时仍可向系统注入较大的无功电流。

（五）高压输电线路的充电功率

高压输电线的充电功率可以由式（3-3）求出

$$Q_L = U^2 B_L \tag{3-3}$$

式中　B_L——为输电线路的对地总的电纳；

U——为输电线路的实际运行电压。

高压输电线路，特别是分裂导线，其充电功率相当可观，是电力系统所固有的无功功率电源。

三、无功功率与电压的关系

在电力系统中，大多数网络元件的阻抗是电感性的，不仅大量的网络元件和负荷需要消耗一定的无功功率，同时电网中各种输电设备也会引起无功功率损耗。因此，电源所发出的无功功率必须满足它们的需要，这就是系统中无功功率的平衡问题。对于运行中的所有设备，系统无功功率电源所发出的无功功率与无功功率负荷及无功功率损耗相平衡，即

$$Q_G = Q_D + Q_L \tag{3-4}$$

式中　Q_G——为电源供应的无功功率；

Q_D——为负荷所消耗的无功功率；

Q_L ——为电力系统总的无功功率损耗。

并且，Q_G 可以分解为

$$Q_G = \sum Q_{Gi} + \sum Q_{C1} + \sum Q_{C2} + \sum Q_{C3} \tag{3-5}$$

式中　$Q_{Gi}(i = 1,\ 2,\ \cdots,\ m)$ ——为发电机供应的无功功率综合；

m ——为发电机组数量；

Q_{C1}，Q_{C2}，Q_{C3} ——分别为调相机、并联电容器、静止补偿器所供应的无功功率。

负荷所消耗的无功功率 Q_D 可以按负荷的功率因数来计算。Q_L 可以表示为

$$Q_L = \Delta Q_T + \Delta Q_X - \Delta Q_B \tag{3-6}$$

式中　ΔQ_T、ΔQ_X、ΔQ_B ——分别为变压器、线路电抗、线路电纳中的无功功率损耗。

电力系统无功功率平衡与电压水平有着密切的关系，如图 3-3 所示。

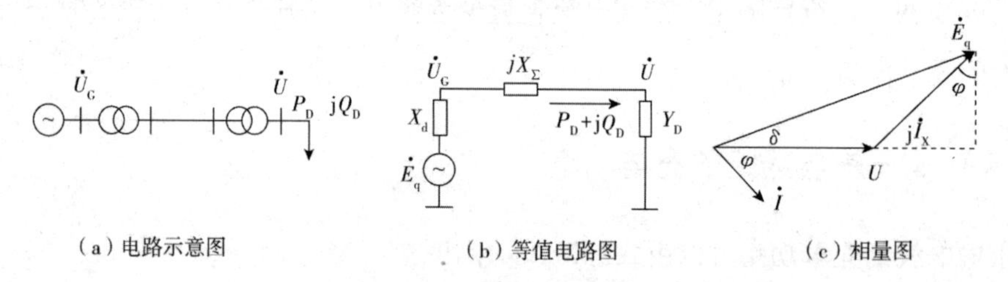

（a）电路示意图　（b）等值电路图　（c）相量图

图 3-3　电力系统接线图

设电源电压为 $\dot{U}_G$，负荷端的电压为 $\dot{U}$，负荷以等值导纳 $Y_D = G_D + jB_D$（B_D 为感性负荷）来表示，用 X_Σ 表示线路、变压器以及发电机等值电抗总和，$\dot{E}_q$ 表示发电机电势。由图 3-3 可知，负荷处的电压 U 大小取决于发电机电源电压 U_G 的大小及电网总的电压损耗 ΔU 两个量。U_G 的大小可以通过改变发电机的励磁电流，即改变发电机送出的无功功率来控制，但是受设备容量限制。ΔU 可以分解成电阻电压损耗分量和电抗电压损耗分量

$$\Delta U = \frac{P_D R + Q_D X_\Sigma}{U_N} \tag{3-7}$$

如果在起始的正常运行状态下电力系统已达到无功功率平衡，满足式（3-4），保持在额定电压 U_N 水平上。现由于某种原因使负荷无功功率 Q_D 增加，则 ΔU 随之增加，此时如果增加发电机的励磁电流，使 U_G 增加，其增加量 ΔU_G 正好补足电网总的电压损耗 ΔU，则将使 U 维持在原有的电压 U_N 水平上。这样，由于系统的无功功率负荷增加，使发电机的无功功率输出增加，它们会在新的状态下达到平衡：$Q_G' = Q_D' + Q_L'$。此时的电压水平仍可以维持在原有的额定电压 U_N 下。

如果发电机输出电压增量 ΔU_G 大于 ΔU 的增量，将会使 U 升高并且超过 U_N，负荷在 $U_H > U_N$ 下运行，电力系统所需要的无功功率也在增加，此时整个电力系统在新的电压水平下达到新的无功功率平衡：$Q_{GH} = Q_{DH} + Q_{LH}$。

反之，如果因为发电机励磁的限制，U_G 不能增加足够的量以 ΔU 补偿的增加，则负荷端电压将下降，低于 U_N，此时负荷在低电压 U_L 水平下运行，系统所需的无功功率将减小，因此整个电力系统又会在新的电压水平下达到新的无功功率平衡：$Q_{GL} = Q_{DL} + Q_{LL}$。

总之，电力系统的运行电压水平取决于无功功率的平衡；无功功率总是要保持平衡状态，否则电压就会偏离额定值。当电力系统无功功率电源充足，可调节容量大时，电力系统可在较高电压水平上保持平衡；当电力系统无功功率电源不足，可调小容量甚至没有时，电力系统只能在较低电压水平上保证平衡。

四、无功功率平衡与系统电压稳定性

在电力系统中，人们把因扰动、负荷增大或系统变更后造成大面积、大幅度电压持续下降，并且运行人员和自动控制系统的控制无法终止这种电压衰落的情况称为电压崩溃。这种电压的衰落可能只需几秒，也可能长达 10~20ms，甚至更长，电压崩溃是电压失稳最明显的特征，它会导致系统瓦解。

在无功功率严重不足，系统电压水平较低的系统中，很可能出现电压崩溃事故。简言之，这是由于系统无功不足和电压下降互相影响、激化，形成恶性循环所造成的。下面用图 3-4 予以介绍。

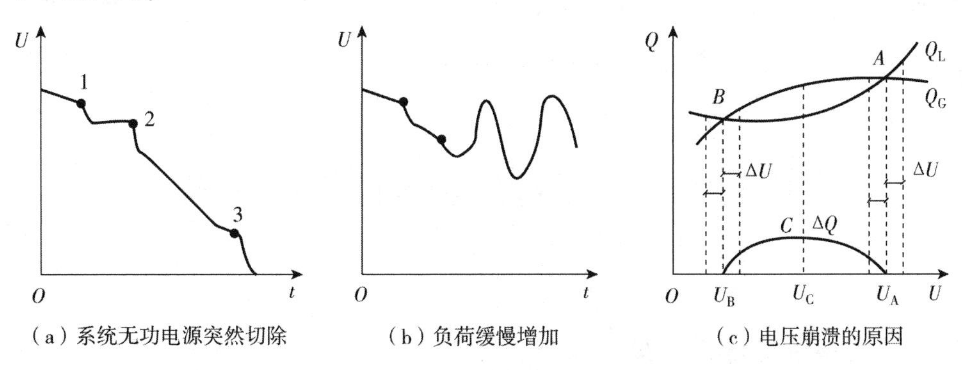

（a）系统无功电源突然切除　（b）负荷缓慢增加　（c）电压崩溃的原因

图 3-4　电压崩溃的现象和原因

图 3-4（a）中的曲线表示由于系统无功电源突然被切除（点 1 时刻）而引起电压崩溃（从点 2 时刻开始）的情形，在点 3 时刻系统已经瓦解。

图 3-4（b）中的曲线表示负荷缓慢增加引起电压崩溃的情形，在点 1 时刻开始发生崩溃，在点 2 时刻已经引起系统异步振荡。

图 3-4（c）中的曲线 Q_L 是系统中重要枢纽变电所高压母线所供出的综合负荷的无功-电压静态特性曲线，曲线 Q_G 是向该母线供电的系统等值发电机的无功-电压静态特性曲线；这两条曲线相交于 A、B 两点，这两点看起来都是无功功率平衡点，但在电压波动时，情形却大不相同。

系统运行于 A 点时，当电压升高微小的 ΔU 时，综合负荷吸取的无功功率就大于等效发电机供出的无功功率，于是该母线（它是系统中的电压中枢点）处出现无功功率缺额，这促使发电机向中枢点传送更多的无功，进而在传输网络上产生更大的电压降，导致中枢点电压下降并恢复到原来的 U_A 。当中枢点电压降低微小的 ΔU 时，情况则相反，但同样会使电压上升到原来的 U_A ，因此 A 点是稳定的，具有抗电压波动的能力。

系统运行于 B 点的情况则不同了，当系统扰动使电压升高微小的 ΔU 时，无功供大于求，促使中枢点电压升得更高。如此循环下去，电压要一直升到 U_A 才能稳定下来，即运行点滑到了 A 点。当系统扰动使电压下降微小的 ΔU 时，无功供少于求，导致中枢点电压进一步下降，更加剧了无功的不足，这样就形成了恶性循环，最终导致电压急剧下降，即发生“电压崩溃”。

从上面的分析可知，B 点是不能稳定运行的。实际上，运行于 A 点的电力系统若因扰动使电压下降到 U_C 以下就很危险，很可能发生电压崩溃。U_C 是中枢点母线电压的最低允许值，称为临界电压，它是系统电压稳定极限。在图 3-4 中，C 点位于 $\Delta Q = Q_G - Q_L$ 曲线的最高点。

当系统发生电压崩溃时，大批电动机减速乃至停转，大量甩负荷，各发电机有功出力也变化很大，可能引起系统失去同步运行，使系统瓦解。

第三节　电压管理及电压控制措施

一、电力系统的电压管理

（一）电压波动的限制措施

日常生活中经常会看到白炽灯（非节能灯）有时会一明一暗地闪动，这是由于电力系统中冲击性负荷所造成的电压波动。这类负荷主要有轧钢机械、电焊机、电弧炉等。其中电弧炉的影响最大，因为它的冲击性负荷电流可能高达数万安培。因此而带来的电压波动将会给用户带来不利影响，应当设法消除。

限制电压波动的措施有如图 3-5 所示的几种。

在图 3-5 中，负荷母线的电压等于电源电压减去输电系统（其中可能包括多级变压）中的电压损耗 ΔU 。一般电源电压可能维持恒定，在负荷稳定时，ΔU 无大变化，因此负荷母线电压也比较平稳。

但是由于冲击性负荷忽大忽小，使输电系统电压损耗 ΔU 也随之忽多忽少。这样，就造成了负荷母线的电压忽低忽高，而使用户大受其害。

图 3-5（a）所示的措施是在输电线路上串入电容，使输电系统总的电抗 X 下降，由于 $\Delta U = \dfrac{PR + QX}{U}$ ，所以 X 的下降会使 ΔU 减少，负荷母线的电压波动幅度也会相应减少。

图 3-5（b）的方法是就地装设调相机以供给负荷所需的无功功率，使通过输电系统送过来的无功功率 Q 减少，同样能使 ΔU 以及负荷母线电压波动幅度减小。

效果最好的措施如图 3-5（c）所示，即在负荷母线处装设静止无功补偿装置（如 TCR）。在静止无功补偿装置的有效范围内，其端电压 U 可基本保持恒定，几乎消除了冲击负荷所引起的电压波动，使接于负荷母线上的用户大受其益。

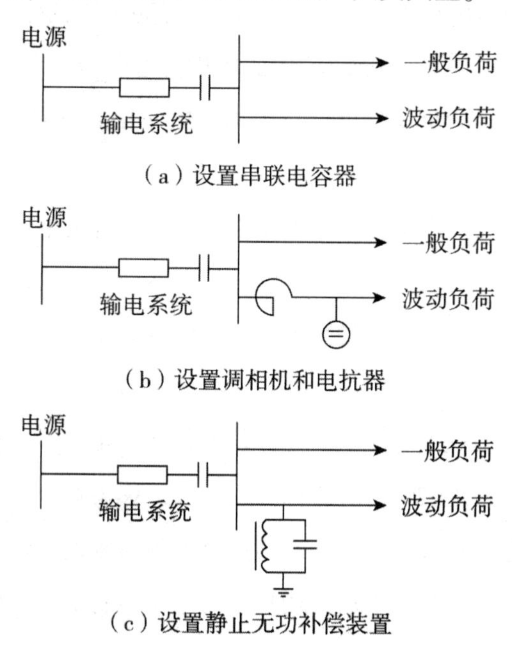

图 3-5　限制电压波动的措施

（二）中枢点的电压管理

为保证电能质量，各负荷点的电压应当保持在允许的电压偏移范围之内，在整个电力系统中，负荷点数量极多且分布极广，要想对每个负荷点的电压都进行控制和调节肯定是办不到的，而只能监视和控制某些“中枢点”的电压水平。称为中枢点的节点有：区域性水、火电厂的高压母线，枢纽变电所的二次母线，有大量地方负荷供出的发电机电压母线。中枢点设置数量不少于全网220kV及以上电压等级变电所总数的7%。

即使对这些有限数目的电压中枢点，也难以使其电压在负荷的不断变化中保持恒定，而只能控制这些中枢点电压的变化不超过一个合理的用户可以接受的范围。对中枢点的电压控制可以分为三种方式。

1. 逆调压

在高峰负荷时升高中枢点电压（例如将电压调为 $1.05U_N$），而在低谷负荷时调低中枢点电压（例如将电压调为 U_N），这种做法称为逆调压。当高峰负荷时，由于中枢点到各种负荷点的线路电压损耗大，中枢点电压的升高就可以抵偿线路的较大压降，从而使负荷点电压不致过低；当低谷负荷时，由于中枢点到负荷点的线路电压损耗减少，将中枢点适当降低，就不至于使负荷点电压过高。这样，在其他部分时间里，负荷点的电压都会符合用户需要了。供电线路较长、负荷变动较大的中枢点往往要采用这种调压方法。一般而言，采用逆调压方式，在最大负荷时可保持中枢点电压比线路额定电压高5%，在最小负荷时保持为线路额定电压。

但是，发电厂到中枢点之间也有线路电压损耗，若发电机电压一定，则大负荷时中枢点电压自然会低一些。而在小负荷时，中枢点电压自然会高一点，这种自然的变化规律正好与逆调压的要求相反。所以从调压的角度看，逆调压的要求是比较高和比较难实现的。

2. 顺调压

在高峰负荷时，允许中枢点电压低一点，但不低于 $1.025U_N$，在低谷负荷时，允许中枢点电压高一点，但不超过 $1.075U_N$，这种调压的方式称为顺调压。顺调压符合电压变化的自然规律，因此实现起来较容易一些，对某些供电距离较近，负荷变动不大的变电所母线，按照调压要求控制电压变化范围后，用户处的电压变动也不会很大。

3. 恒调压

介于上述两种调压方式之间的调压方式是恒调压（常调压），即在任何负荷时，中枢点电压始终保持为一基本不变的数值，一般为（1.02~1.05）U_N。

以上所述均是系统正常时的调压要求。当系统发生事故时，可允许对电压质量的要求适当降低。通常允许事故时的电压偏移较正常情况下再增大5%。

这些只是对中枢点电压控制的原则性要求，在规划设计阶段因为没有负荷的实际资料，只好如此。当一个中枢点通过几条线路给若干个完全确定的负荷供电时，就可以进行详细的电压计算。计算时只要选择如下两个极端情况即可。

（1）在地区负荷最大时，应选择允许电压变化范围的下限为最低的负荷点进行电压计算，此最低允许电压加上线路损耗电压，就是中枢点的最低电压。

（2）在地区负荷最小时，应选择允许电压变化范围的上限为最高的负荷点进行电压计算，此最高允许电压加上线路损耗电压，就是中枢点的最高电压。如果中枢点的电压能够满足这两个负荷点的要求，则其他各负荷点的电压要求也会得到满足。

当然，也有这种可能性，不论中枢点电压如何调节，总是顾此而失彼，无法同时满足各个负荷点的要求。这时只有在个别负荷点加装必要的调压设备才能解决。中枢点的电压控制计算很麻烦，人工计算无法保证电力系统所有中枢点电压都是最合理的。这个工作只有交给计算机去完成才能实现真正合理的电压控制。

若中枢点是发电机电压母线，则除了上述要求外，还受发电厂用电设备与发电机的最高允许电压以及为保持系统稳定的最低允许电压的限制。如果在某些时间段内，各用户的电压质量要求反映到中枢点的电压允许变化范围内没有公共部分，则仅靠控制中枢点的电压并不能保证所有负荷点的电压偏移都在允许范围内。为满足各负荷点的调压要求，就必须在某些负荷点增设其他必要的调压设备。

二、电力系统的电压控制措施

（一）电压控制的基本原理

在电力系统中，为了保证系统有较高的电压水平，必须要有充足的无功功率电源。但是要使所有用户处的电压质量都符合要求，还必须采用各种调压控制手段。下面以图3-6所示的简单电力系统为例，说明常用的各种调压控制措施的基本原理。

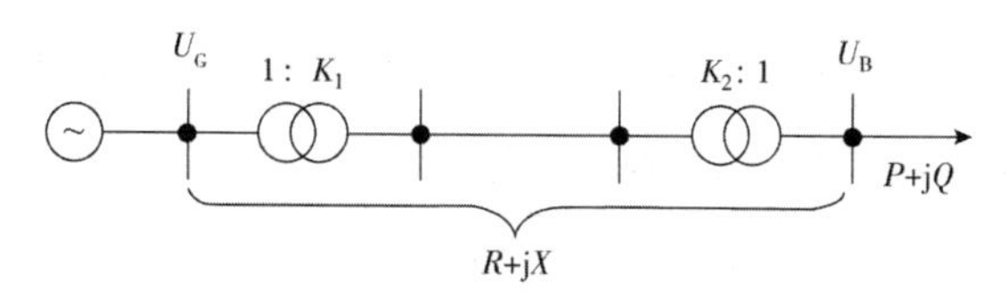

图3-6　电力系统电压控制原理

同步发电机通过升压变压器、输电线路和降压变压器向负荷用户供电。要求采取各种不同的调整和控制方式来控制用户端的电压。为分析简便起见，略去输电线路的充电功率、变压器的励磁功率以及网络中的功率损耗。变压器的参数已经归算到高压侧，这样用户端的电压为

$$U_B = (U_G K_1 - \Delta U)/K_2 = \left(U_G K_1 - \frac{PR + QX}{U_N}\right)/K_2 \tag{3-8}$$

式中　K_1，K_2——分别为升压和降压变压器的变比；

R，X——分别为变压器和输电线路的总电阻和总电抗。

从式（3-8）可知，要想控制和调整负荷点的电压 U_B，可以采取以下的控制方式：

1. 控制和调节发电机励磁电流，以改变发电机端电压 U_G；

2. 控制变压器变比 K_1 及 K_2 调压；

3. 改变输送功率的分布 $P + jQ$（主要是 Q），以使电压损耗减小；

4. 改变电力系统网络中的参数 $R + jX$（主要是 X），以减小输电线路电压的损耗。

（二）发电机调压

现代同步发电机在端电压偏离额定值不超过±5%的范围内，能够以额定功率运行。大中型同步发电机都装有自动励磁调节装置，可以根据运行情况调节励磁电流来改变其端电压。不同类型的供电网络，发电机调压所起的作用不同。

1. 对于由孤立发电厂不经升压直接供电的小型电力网，因供电线路不长，输电线路上的电压损耗不大时，可以采用改变发电机端电压直接控制电压的方式（例如实行逆调压），以满足负荷点对电压质量的要求。它不需要增加额外的调压设备，是最经济合理的控制电压的措施，应该优先考虑。

2. 对于输电线路较长、供电范围较大、有多电压等级的供电系统并且在有地方负荷的情况下，从发电厂到最远处的负荷点之间，电压损耗的数值和变化幅度都比较大，仅仅依靠发电机控制调压已不能满足负荷对电压质量的要求。发电机调压主要是满足近处地方负荷的电压质量要求。

3. 对于由若干发电厂并列运行的电力系统，进行电压调整的电厂需有相当充裕的无功容量储备，一般不易满足。另外，调整个别发电厂的母线电压会引起无功功率的重新分配，可能同发电机的无功功率经济分配发生矛盾。所以在大型互联电力系统中，发电机调压一般只作为一种辅助性的控制措施。

（三）控制变压器变比调压

一般电力变压器都有可以控制调整的分接抽头，调整分接抽头的位置可以控制变压器的变比。通常分接抽头设在高压绕组（双绕组变压器）或中、高压绕组（三绕组变压器）。在高压电网中，各个节点的电压与无功功率的分布有着密切的关系，通过控制变压器变比来改变负荷节点电压，实质上是改变了无功功率的分布。变压器本身并不是无功功率电源，因此，从整个电力系统来看，控制变压器变比调压是以全电力系统无功功率电源充足为基本条件的，当电力系统无功功率电源不足时，仅仅依靠改变变压器变比是不能达到控制电压效果的。

双绕组变压器的高压绕组上设有若干个分接抽头以供选择，其中对应于额定电压 U_N 的称为主抽头。容量为 6300kVA 及以下的变压器，高压侧有 3 个分接抽头，分别为 $1.05U_N$、U_N、$0.95U_N$。容量为 8000kVA 及以上的变压器，高压侧有 5 个分接抽头，分别为 $1.05U_N$、$1.025U_N$、U_N、$0.975U_N$、$0.95U_N$。变压器低压绕组不设分接抽头。

控制变压器的变比调压实际上就是根据调压要求适当选择变压器分接抽头。图 3-7 所示为一个降压变压器。

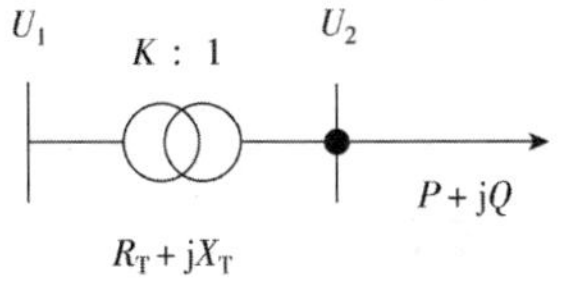

图 3-7　降压变压器系统

若通过的功率为 $P+jQ$，高压侧实际电压为 U_1，归算到高压侧的变压器阻抗为 R_T+jX_T，归算到高压侧的变压器电压损耗为 ΔU_T，低压侧要求得到的电压为 U_2，则有

$$\Delta U_T = \frac{PR_T + QX_T}{U_1}$$
$$U_2 = \frac{U_1 - \Delta U_T}{K} \qquad (3-9)$$

式中　K——为变压器的变比，即高压绕组分接抽头电压 U_{1t} 和低压绕组额定电压 U_{2N} 之比。

将 K 代入式（3-9），可以得到高压侧分接抽头电压为

$$U_{1t} = \frac{U_1 - \Delta U_T}{U_2} U_{2N} \qquad (3-10)$$

普通双绕组变压器的分接抽头只能在停电的情况下改变。在正常的运行中无论负荷如何变化，只能使用一个固定的分接抽头。这时可以分别算出最大负荷和最小负荷下所要求的分接抽头电压为

$$\begin{cases} U_{1\max} = \dfrac{U_{1\max} - \Delta U_{T\max}}{U_{2\max}} U_{2N} \\ U_{1\min} = \dfrac{U_{1\min} - \Delta U_{T\min}}{U_{2\min}} U_{2N} \end{cases} \tag{3-11}$$

然后取它们的算数平均值，即

$$U_{1\text{tav}} = \frac{U_{1\text{tmax}} + U_{1\text{tmin}}}{2} \tag{3-12}$$

可以根据 $U_{1\text{tav}}$ 来选择一个与它最接近的分接抽头，然后再根据所选取的分接抽头校验最大负荷和最小负荷时低压母线上的实际电压是否符合用户的要求。

选择升压变压器分接抽头的方法与选择降压变压器的方法基本相同。三绕组变压器分接抽头的选择可以按如下方法来考虑：三绕组变压器一般在高压、中压绕组有分接抽头可供选择，而低压侧是没有分接抽头的。一般可先按高压、低压侧的电压要求来确定高压侧的分接抽头；再根据所选定的高压侧分接抽头，来考虑中压侧的电压要求；最后选择中压侧的分接抽头。

三、利用无功功率补偿设备调压

无功功率的产生基本上是不消耗能源的，但是无功功率沿输电线路传送却要引起有功功率损耗和电压损耗。合理地配置无功功率补偿设备和容量以改变电力网络中的无功功率分布，可以减少网络中的有功功率损耗和电压损耗，从而改善用户负荷的电压质量。

并联补偿设备有调相机、静止补偿器、电容器，它们的作用都是在重负荷时发出感性无功功率，补偿负荷的无功需要，减少由于输送这些感性无功功率而在输电线路上产生的电压降落，提高负荷端的输电电压。

具有并联补偿设备的简单电力系统如图 3-8 所示。

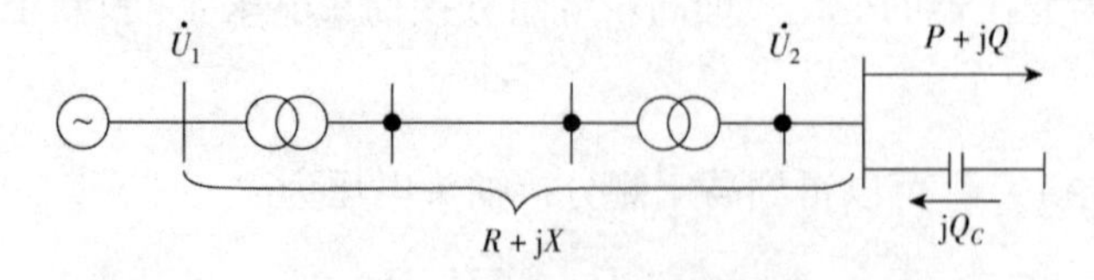

图 3-8　具有并联补偿设备的简单电力系统

发电机出口电压 U_1 和负荷功率 $P+jQ$ 给定，电力线路对地电容和变压器的励磁功率可以不考虑。当变电所低压侧没有设置无功功率补偿设备时，发电机出口电压可以表示为

$$U_1 = U_2' + \frac{PR+QX}{U_2'} \tag{3-13}$$

式中　U_2'——为归算到高压侧的变电所低压母线电压。

当变电所低压侧设置容量为 Q_C 的无功功率补偿设备后，电力网络所提供给负荷的无功功率为 $Q-Q_c$，此时，归算到高压侧的变电所低压母线电压变为 U_{2C}'，发电机输出电压可以表示为

$$U_1 = U_{2C}' + \frac{PR+(Q-Q_C)X}{U_{2C}'} \tag{3-14}$$

如果补偿前后发电机出口电压 U_1 保持不变，则有

$$U_2' + \frac{PR+QX}{U_2'} = U_{2C}' + \frac{PR+(Q-Q_C)X}{U_{2C}'} \tag{3-15}$$

由此可以解出 U_2' 变到 U_{2C}' 时所需要的无功功率补偿容量为

$$Q_C = \frac{U_{2C}'}{X}\left[(U_{2C}'-U_2') + \left(\frac{PR+QX}{U_{2C}'} - \frac{PR+QX}{U_2'}\right)\right] \tag{3-16}$$

式中中括号内的第二部分一般较小，可以略去，这样式（3-17）可以改写成

$$Q_C = \frac{U_{2C}'}{X}(U_{2C}'-U_2') \tag{3-17}$$

如果变压器变比为 K，经无功功率补偿后变电所低压侧要求保持的实际电压为 U_{2C}，则 $U_{2C}'=KU_{2C}$。代入式（3-18），有

$$Q_C = \frac{U_{2C}}{X}\left(U_{2C} - \frac{U_2'}{K}\right)K^2 \tag{3-18}$$

四、利用串联电容器控制电压

在输电线路上串联接入电容器，利用电容器上的容抗补偿输电线路中的感抗，使电压损耗计算式中的 QX/U 分量减小，从而提高输电线路末端的电压，如图 3-9 所示。

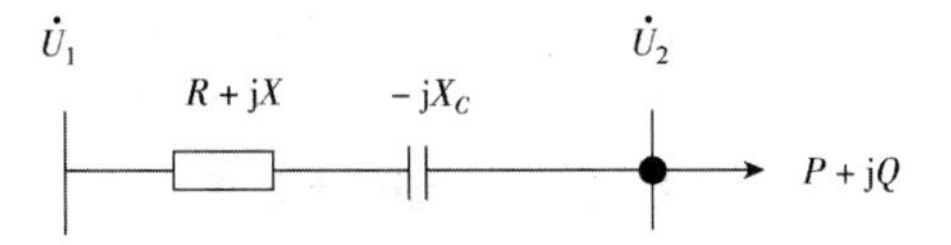

图 3-9　串联电容器控制调压

未接入串联电容器补偿前有

$$U_1 = U_2 + \frac{PR + QX}{U_2} \tag{3-19}$$

线路上串联了容抗 X_C 后就改变为

$$U_1' = U_{2C} + \frac{PR + Q(X - X_C)}{U_{2C}} \tag{3-20}$$

假如补偿前后输电线路首端电压维持不变，即

$$U_1 = U_1'$$

则有

$$U_2 + \frac{PR + QX}{U_2} = U_{2C} + \frac{PR + Q(X - X_C)}{U_{2C}} \tag{3-21}$$

经过整理可以得到

$$X_C = \frac{U_{2C}}{Q}\left[(U_{2C} - U_2) + \left(\frac{PR + QX}{U_{2C}} - \frac{PR + QX}{U_2} \right) \right] \tag{3-22}$$

式中中括号内的第二部分一般较小，可以略去，则有

$$X_C = \frac{U_{2C}}{Q}(U_{2C} - U_2) \tag{3-23}$$

如果近似认为 U_{2C} 接近输电线路额定电压 U_{N}，则有

$$X_C = \frac{U_{\mathrm{N}}}{Q}\Delta U \tag{3-24}$$

式中　ΔU ——为经串联电容补偿后输电线路末端电压需要抬高的电压增量数值。所以可以根据输电线路末端需要升高的电压数值来确定串联电容补偿的电抗值。

线路上串联接入的电容器往往由多个电容器串、并联组成，如图 3-10 所示。

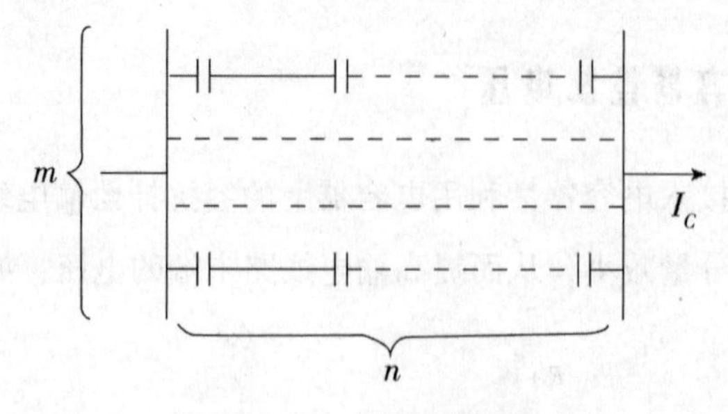

图 3-10　电容器的串并联

假如每个电容器的额定电流为 I_{NC}，额定电压为 U_{NC}，则可以根据输电线路通过的最大负荷电流 $I_{C\max}$ 和所需要补偿的容抗值 X_C 来计算出电容器串并联的数量 n、m，它们应该

满足

$$\begin{cases} mI_{NC} \geqslant I_{C\max} \\ nU_{NC} \geqslant I_{C_{\max}} X_C \end{cases} \tag{3-25}$$

三相电容器的总容量为

$$Q_C = 3mnQ_{NC} = 3mnU_{NC}I_{NC}$$

由式（3-24）可知，串联电容器抬高末端电压的数值为 $\Delta U = QX_C/U_N$，即调压效果随无功功率负荷 Q 变化而改变。无功功率负荷增大时末端所抬高的电压将增大，无功功率负荷减小时末端所抬高的电压也将减小。串联电容器调压方式与调压要求恰好一致，这是串联电容器补偿调压的一个显著优点。但是对于负荷功率因数高（$\cos\varphi > 0.95$）或者输电线路导线截面小的线路，线路电抗对电压损耗影响较小，故串联电容补偿控制调压效果就很小。因此利用串联电容补偿调压一般用于供电电压为35kV或10kV、负荷波动大而频繁、功率因数又很低的输配电线路。

补偿所需要的容抗值 X_C 和被补偿输电线路原有感抗值 X_L 之比称为补偿度，用 K_C 来表示

$$K_C = \frac{X_C}{X_L} \tag{3-26}$$

在输配电线路中以调压为目的的串联电容补偿，其补偿度常接近于1或大于1，一般为1～4。对于超高压输电线，串联电容补偿主要用于提高输电线路的输电容量和提高电力系统运行的稳定性。

并联电容器补偿和串联电容器补偿都可以提高输电线路末端电压和减小输电线路中的有功功率损耗，但是它们的补偿效果是不一样的。串联电容器补偿可以直接减少输电线路的电压损耗以提高输电线路末端电压的水平，它是依靠提高末端电压水平而减少输电线路有功功率损耗的；而并联电容补偿则是通过减少输电线路上流通的无功功率而减小线路电压损耗，以提高线路末端的电压水平，能够直接减少输电线路中的有功功率损耗，但它的效果不如前者。一般为了减少同一电压损耗值，串联电容器容量仅为并联电容器容量的15%～25%。

五、电力系统电压控制措施的比较

在各种电压控制措施中，首先应该考虑发电机调压，用这种措施不需要增加附加设备，从而不需要附加任何投资。对无功功率电源供应较为充裕的系统，采用变压器有载调

压，既灵活又方便。尤其是电力系统中个别负荷的变化规律相差悬殊时，不采取有载调压变压器调压几乎无法满足负荷对电压质量的要求。对无功功率电源不足的电力系统，首先应该解决的问题是增加无功功率电源，因此以采用并联电容器、调相机或静止补偿器为宜。同时，并联电容器或调相机还可以降低电力网中功率传输产生的有功功率损耗。

第四节　电力系统电压和无功功率的综合控制

电力系统中电压和无功功率的调整对电网的输电能力、安全稳定运行水平和降低电能的损耗有极大影响，故要对电压和无功功率进行综合控制。

一、综合控制的原理

由于不同的电压控制措施各有其优缺点，所以可以将它们组合起来进行综合控制，以获得最优的控制方式。这样，就需要分析负荷变化和各类电压控制措施同时存在的综合效果。现以图 3-11 所示的电力系统为例，来分析各种电压控制的特点。电压控制设备包括：发电机 G_1 和 G_2，有载调压变压器 T，可以切换的并联电容器组 C。

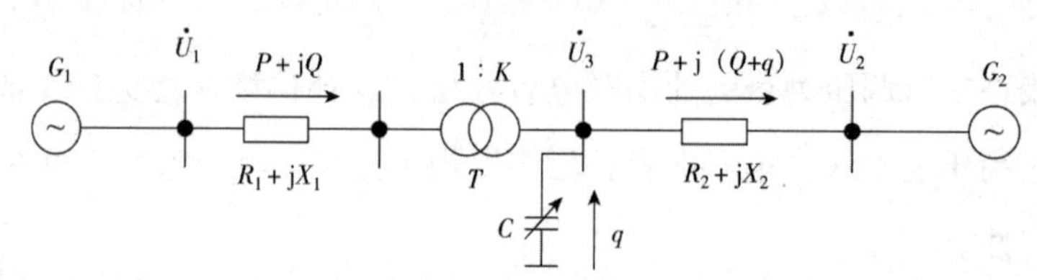

图 3-11　电力系统电压的综合控制

发电机 G_1 和 G_2 具有自动励磁调节装置，可以使母线电压 U_1、U_2 发生改变；T 为有载调压变压器，变比 K 可以调节；C 代表无功补偿设备，它可以是静电电容器、同步调相机和静止无功补偿器。现分析 G_1 和 G_2 控制的电压 U_1 和 U_2，变压器变比 K、补偿容量 C 这些控制措施对节点 3 母线电压 U_3 的影响。由于电压与无功功率分布密切相关，所以改变电压的同时也会对无功功率 Q 产生影响。将节点 3 的电压 U_3、无功功率 Q 定义为状态变量，发电机母线电压 U_1，U_2 以及变压器变比 K 和无功补偿量 q 定义为控制变量。根据图3-11，有

$$\left.\begin{aligned}\Delta U_1 - \Delta U + \Delta K &= X_1 \Delta Q \\ \Delta U - \Delta U_2 &= X_2(\Delta Q + \Delta q)\end{aligned}\right\} \tag{3-27}$$

解得

$$\Delta U = \frac{X_2}{X_1 + X_2}\Delta U_1 + \frac{X_1}{X_1 + X_2}\Delta U_2 + \frac{X_2}{X_1 + X_2}\Delta K + \frac{X_1 X_2}{X_1 + X_2}\Delta q \qquad (3-28)$$

$$\Delta Q = \frac{1}{X_1 + X_2}\Delta U_1 - \frac{1}{X_1 + X_2}\Delta U_2 + \frac{1}{X_1 + X_2}\Delta K - \frac{X_2}{X_1 + X_2}\Delta q \qquad (3-29)$$

通过式（3-28）、式（3-29）可以分析各种电压控制措施对节点3的电压 U_3 和无功功率 Q 的影响以及各种控制措施配合的效果，获得如下结论：

1. 改变变压器变比 K 和改变发电机 G_1 的母线电压 U_1 对节点3的电压控制效果相同，并且可以使无功功率 Q 增加，而且参数比值 X_1/X_2 越小，电压控制效果越显著。

2. 改变发电机 G_2 的母线电压 U_2 对节点3的母线电压 U_3 的影响与参数比值 X_2/X_1 有关，比值越小，影响越显著。

3. 当 X_2 较大，即 G_2 离节点3的距离相对较远时，改变发电机 G_1 的母线电压 U_1 对节点3的电压影响较大，会使无功功率 Q 增加。反之，当 X_1 较大，即 G_1 离节点3的距离相对远一些时，改变发电机 G_2 的电压 U_2 对节点3的电压影响较大，会使无功功率 Q 减小。

4. 控制节点3的无功补偿容量 q 的效果与等效电抗 $\frac{X_1 X_2}{X_1 + X_2}$ 有关，等效电抗越大，控制电压 U_3 效果越好。

5. 节点3的无功补偿输出容量 q 按与输电线路电抗成反比的关系向两侧流动，其结果使无功功率 Q 减少。

总之，控制靠近所需要控制的中枢点母线电压的调压，可以获得较好的控制效果。因此，一般控制调压设备实行分散布置，进行分散调节，在此基础上由电力系统实行集中控制。

上述各种控制电压措施的具体应用，采用各地区自动控制调节电压和电力系统集中自动控制调节电压相结合的模式进行。各区域负责本区域电网电压的控制调节，并就地解决无功功率的平衡。电力系统调度中心负责控制主干电网中主干输电线和环网的无功功率的分布以及给定主要中枢点（发电厂母线、枢纽变电所母线）的电压设定值，以便加以监视和控制，并协调各地区的电压水平。

二、综合控制的实现

变电站中利用有载调压变压器和补偿电容器组进行局部的电压及无功补偿的自动调节，以保证负荷侧母线电压在规定范围内及进线功率因数尽可能接近于1，称为变电站电压无功综合控制（voltage quality control，VQC）。

典型的终端变电站一般有两台带负荷调节的主变压器，低于 10kV 母线分段，两段母线上各接有一组电容器组。控制系统的设计必须能识别并适应变电站的多种运行方式，保证调节正确。另外，当进线、变电站出现不正常状态或故障时，应闭锁控制装置。

有载调压改变变压器分接头的位置，变压器变比改变，从而改变低压侧电压。当低压侧电压降低时，同时会使负荷向系统吸收的无功功率也减少。正常负载时，在变压器低压母线上投入电容器可以减少变电所高压侧输入的无功功率，实现无功就地平衡，从而减少流经变压器的电流，即减少变压器的压降，从而提高变电所低压侧电压。而在最小负荷或空载时，补偿电容器可能引起变压器低压侧电压严重升高，并产生多余的有功损耗，需退出若干电容器容量。可见，无功功率调节和有载调压并不是互相独立的问题。

（一）就地 VQC 调节方法

在变电站内采样有载调压变压器和并联补偿电容器的数据，通过控制和逻辑运算实现电压和无功自动调节，以保证负荷侧母线电压在规定范围内及进线功率因数尽可能高。这种装置具有独立的硬件，因此它不受其他设备运行状态的影响，可靠性较高。但它不能做到与变电站的就地监控装置共享软、硬件资源的要求，不能尽可能多地采集变电站的各种信息为综合调节电压和无功功率服务。这种装置适合在电网网架结构尚不太合理、基础自动化水平不高的电力网的变电站内使用。

（二）软件 VQC 调节方法

它是在就地监控主机上利用现成的遥测、遥信信息，通过运行控制算法软件，用软件模块控制方式来实现变电站电压和无功的自动调节。用这种方法可以发展为通过调度中心实施全系统电压与无功的综合在线控制，这是保持系统电压正常、提高系统运行可靠性的最佳方案。这种方法的实施前提条件是电网网架结构合理、基础自动化水平较高，尤其适用于综合自动化的变电站中。

（三）厂站 VQC 和区域 VQC

厂站 VQC 通常是在各变电站安装一个 VQC 装置，即变电站电压无功综合控制系统，根据变电站自动化系统采集的变电站母线电压量、无功功率量、主变压器分接头位置、电容器开关状态量等，通过分析计算使主变压器分接开关以及电容器开关进行自动控制，实现就地无功优化补偿和电压控制，同时确保变电站母线电压在合格的范围内。

区域 VQC 是建立在主站的一种软件 VQC 系统，即电网电压、无功优化集中控制系统，是一种集中控制模式。区域 VQC 通常从调度数据采集与监督控制（supervisory control and data acquisition，SCADA）系统主站获取各厂站送来的各母线节点的无功、电压等遥信、遥测量进行分析计算，从而对全网各节点的无功、电压的分布做出优化策略，形成有载调压变压器分接开关调节指令、无功补偿设备投切指令及相关控制信息，然后将控制信息交 SCADA 系统通过遥控、遥调执行调节。

就地 VQC 控制装置仅采用本变电站的信息，因此仅对局部供电区域有效。就整个电力系统而言，当发生全网性无功功率缺乏时，局部的调节可能产生有害的结果，即当就地 VQC 检测到本站低压侧电压过低时，改变变压器分接头，虽然提高了本站低压侧的电压，但同时会从系统中吸收更多的无功功率，从而加剧系统的无功功率缺乏。

VQC 综合调节首先要保证供电电压的质量满足要求，再投入适当的电容器组（或其他无功补偿装置）使系统有功损耗最小，同时要保证调节动作次数最少。

第五节 无功功率电源的最优控制

电力系统中无功功率平衡是保证电力系统电压质量的基本前提，而无功功率电源在电力系统中的合理分布是充分利用无功电源、改善电压质量和减少网络有功损耗的重要条件。无功功率在电网输送中会产生有功功率损耗。无功功率电源的最优控制目的在于控制各无功电源之间的分配，使网络有功损耗达到最小。

电力网中的有功功率损耗可以表示为所有节点注入功率的函数

$$\Delta P_{\Sigma} = \Delta P_{\Sigma}(P_{G1}, P_{G2}, \cdots, P_{Gm}, Q_{G1}, Q_{G2}, \cdots, Q_{Gm}) \tag{3-30}$$

则无功功率电源最优控制的目标函数为

$$\begin{aligned} &\min_{Q_{G1}, Q_{G2}, \cdots, Q_{Gm}} J = \Delta P_{\Sigma} \\ &\text{s. t.} \ \sum_{i=1}^{m} Q_{Gi} - \sum_{j=1}^{n} Q_{Dj} - \Delta Q_{\Sigma} = 0 \end{aligned} \tag{3-31}$$

式中 $Q_{Gi}(i = 1, 2, \cdots, m)$——为发电机供应的无功功率；

m——为发电机组数量；

$Q_{Dj}(j = 1, 2, \cdots, n)$——为电力网中的无功负荷；

n——为负荷数量；

ΔQ_{Σ} ——是电力网中的无功功率损耗。

应用拉格朗日乘数法，构造拉格朗日函数

$$L = \Delta P_{\Sigma} - \lambda\left(\sum Q_{Gi} - \sum Q_{Dj} - \Delta Q_{\Sigma}\right) \tag{3-32}$$

将 L 分别对 Q_{Gi} 和 λ 取偏导数并令其等于零，有

$$\frac{\partial L}{\partial Q_{Gi}} = \frac{\partial \Delta P_{\Sigma}}{\partial Q_{Gi}} - \lambda\left(1 - \frac{\partial \Delta Q_{\Sigma}}{\partial Q_{Gi}}\right) = 0 \tag{3-33}$$

$$\frac{\partial L}{\partial \lambda} = -\left(\sum Q_{Gi} - \sum Q_{Dj} - \Delta Q_{\Sigma}\right) = 0 \tag{3-34}$$

于是可以得到无功功率电源最优控制的条件为

$$\frac{\partial \Delta P_{\Sigma}}{\partial Q_{Gi}} \times \frac{1}{1 - \dfrac{\partial \Delta Q_{\Sigma}}{\partial Q_{Gi}}} = \lambda \tag{3-35}$$

式中　$\partial \Delta P_{\Sigma}/\partial Q_{Gi}$ ——为网络中有功功率损耗对于第 i 个无功功率电源的微增率；

$\partial \Delta Q_{\Sigma}/\partial Q_{Gi}$ ——为无功功率网损对于第 i 个无功功率电源的微增率。

式（3-35）的意义是：使有功功率网损最小的条件是各节点无功功率网损微增率相等。在无功电源配备充足、布局合理的条件下，无功功率电源最优控制方法如下。

1. 根据有功负荷经济分配的结果进行功率分布的计算。

2. 利用以上结果，可以求出各个无功电源点的 λ 值。如果某个电源点的 $\lambda<0$，表示增加该电源的无功出力就可以降低网络有功损耗；如果 $\lambda>0$，表示增加该电源的无功出力将导致网络有功损耗的增加。因此，为了减少网络损耗，凡是 $\lambda<0$ 的电源节点都应该增加无功功率的输出，而 $\lambda>0$ 的电源节点则应该减少无功功率的输出。按此原则控制无功功率电源，调整时 λ 有最小值的电源应该增加无功功率的输出，λ 有最大值的电源应减小无功功率，经过一次调整后，再重新计算功率的分布。

3. 经过又一次的功率分布计算，可以算出总的网络有功损耗，网络损耗的变化实际上都反映在平衡发电机（已知节点电压和功率角，而输出有功、无功功率待定，功率分布计算时至少应该选择一个平衡机）的功率变化上。因此，如果控制无功功率电源的分配，还能够使平衡机的输出功率继续减少，那么这种控制就应该继续下去，直到平衡机输出功率不能再减少为止。

上述无功功率电源的控制原则也可以用于无功补偿设备的配置。其差别是：现有的无功功率电源之间的分配不需要支付费用，而无功补偿设备配置则需要增加费用支出。由于设置无功补偿装置一方面能够节约网络有功功率损耗，另一方面又会增加设备投资费用，

因此无功补偿容量合理配置的目标应该是总的经济效益为最优。

在电力系统中某节点/设置无功功率补偿设备的前提条件是：一旦设置补偿设备，所节约的网络有功损耗费用应该大于为设置补偿设备而投资的费用。用数学表达式可以表示为

$$F_e(Q_{Cii}) - F_C(Q_{Cii}) > 0 \tag{3-36}$$

式中　$F_e(Q_{Cii})$——为设置了补偿设备 Q_{Cii} 而节约的网络有功功率损耗的费用；

$F_C(Q_{Ci})$——为设置补偿设备 Q_{Ci} 而需要投资的费用。

所以，确定节点 i 的最优补偿容量的条件是

$$F_{max} = F_e(Q_{Ci}) - F_C(Q_{Ci}) \tag{3-37}$$

设置补偿设备而节约的费用 F_e 就是因设置补偿设备每年可减少的有功功率损耗费用，其值为

$$F_e(Q_{Ci}) = \beta(\Delta P_{\Sigma 0} - \Delta P_{\Sigma})\tau_{max} \tag{3-38}$$

式中　β——为单位电能损耗价格，元/（kvar·h）；

ΔP_{Σ_0}，ΔP_{Σ}——分别为设置补偿装置前后电力网最大负荷下的有功功率损耗，kvar；

τ_{max}——为电力网最大负荷损耗小时数，h。

为设置补偿设备 Q_{Ci} 而需要投资的费用包括两部分：一部分为补偿设备的折旧维修费，另一部分为补偿设备投资的回收费，其值都与补偿设备的投资成正比，即

$$F_C(Q_{Ci}) = (\alpha + \gamma)K_C Q_{Ci} \tag{3-39}$$

式中　α，γ——分别为折旧维修率和投资回收率；

K_C——为单位容量补偿设备投资，元/kvar。

将式（3-38）和式（3-39）代入式（3-37），可以得到

$$F = \beta(\Delta P_{\Sigma 0} - \Delta P_{\Sigma})\tau_{max} - (\alpha + \gamma)K_C Q_{Ci} \tag{3-40}$$

对式（3-40）中的 Q_{Ci} 求偏导并令其等于零，可以解出

$$\frac{\partial\ \Delta P_{\Sigma}}{\partial\ Q_{Ci}} = -\frac{(\alpha + \gamma)K_C}{\beta\tau_{max}} \tag{3-41}$$

式（3-41）表明，对各补偿点配置补偿容量时，应该使每一个补偿点在装设最后一个单位的补偿容量时网络损耗的减少都等于 $(\alpha + \gamma)K_C/\beta\tau_{max}$，按这一原则配置，将会取得最大的经济效益。

第四章 电力系统频率稳定控制

第一节 电力系统的频率特性

一、电力系统的静态频率特性

结合发电机和负荷的功频静态特性，电力系统的功率频率静态特性系数为

$$K = K_D + K_G = -\frac{\Delta P_D}{\Delta f} \tag{4-1}$$

式中 ΔP_D——为负荷变化量；

K——为系统的功率频率静态特性系数（或系统的单位调节功率），它表示在计及发电机组和负荷的调节效应时引起频率单位变化的负荷变化量。

根据 K 值的大小可以确定在允许的频率偏移范围内系统所能承受的负荷变化量。当发电机满载时，发电机输出功率不随频率的降低而增加。

二、电力系统的动态频率特性

电力系统的动态频率特性是指电力系统受扰动之后，由于有功功率平衡遭到破坏引起频率发生变化，频率从正常状态过渡到另一个稳定值所经历的过程。

当系统频率偏离额定值时，负荷吸收的有功功率随之变化。机组自动调节装置检测到转速改变而动作，各机组将按调速系统的调差系数重新分配负荷，最后由系统的调频机组增减出力使频率恢复到额定值。在整个过程中，各机组的转速因各自初始承担的负荷不同、惯性不同、调速器的调节特性不同，各机组承担着不同的负荷功率分配比例。

（一）影响系统动态频率特性的因素

影响系统功率频率动态过程的因素主要包括故障扰动地点、发电机组模型及其参数、

调速器调节特性、旋转备用容量及其分布和负荷特性等。假设全系统具有相同的频率值，或者说系统中任意节点和机组具有完全相同的频率动态过程，可采用简化的单机带负荷模型对系统频率进行分析和计算。

假设系统正常运行时等值机功率为 P_{G0}，等值负荷功率为 P_{D0}，系统频率为 f_0，显然有 $P_{G0}=P_{D0}$。设 $P_G(t)$，$P_D(t)$，$f(t)$ 分别代表发电机功率、负荷功率和系统频率随时间变化的函数，相应的增量定义为

$$\begin{cases}\Delta P_G(t)=P_G(t)-P_{G0}\\ \Delta P_D(t)=P_D(t)-P_{D0}\\ \Delta f(t)=f(t)-f_0\end{cases} \tag{4-2}$$

同时定义

$$\Delta P_{OL}(t)=P_D(t)-P_G(t)=\Delta P_D(t)-\Delta P_G(t) \tag{4-3}$$

式中，$\Delta P_{OL}(t)$ 表示系统的功率不平衡量。重点分析系统频率的下降过程，一般 $\Delta P_{OL}(t)$ 大于 0，称为系统的过负荷量。

设扰动瞬间的等值机功率变化量为 $\Delta P_{G0}=\Delta P_{G(0+)}$，等值负荷功率变化量为 $\Delta P_{D0}=\Delta P_{D(0+)}$，定义初始功率过负荷量为

$$\Delta P_{OL0}=\Delta P_{OL(0+)}=\Delta P_{D0}-\Delta P_{G0}>0 \tag{4-4}$$

可以得到如图 4-1 所示的单机带负荷模型框图，其中的前向环节表示等值发电机的转子运动方程，两个反馈环节分别表示负荷和发电机的频率特性。

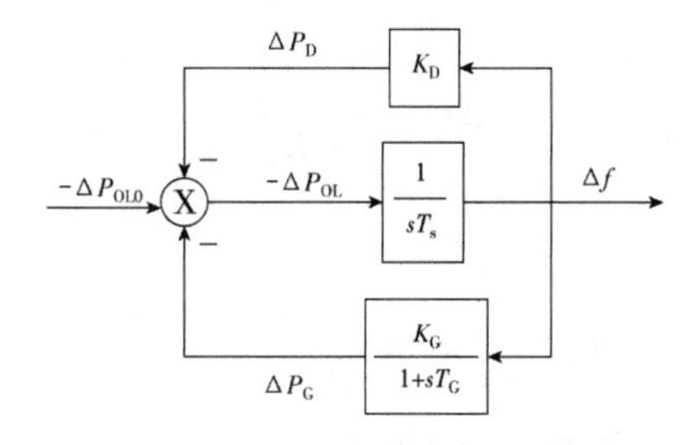

图 4-1 单机带负荷模型框图

根据图 4-1 可以列出系统的状态方程如下：

$$\begin{cases}T_S\dfrac{\mathrm{d}\Delta f}{\mathrm{d}t}=-\Delta P_0\\ T_G\dfrac{\mathrm{d}\Delta P_G}{\mathrm{d}t}+\Delta P_G=-K_G\Delta f\\ \Delta P_D=K_D\Delta f\\ \Delta P_{OL}=\Delta P_D-\Delta P_G+\Delta P_{OL0}\end{cases} \tag{4-5}$$

在图4-1和式（4-5）中，K_D 为系统负荷频率调节效应系数；T_S 为等值机惯性时间常数；K_G 为发电机的功率频率静态特性系数；T_G 为发电机调速器和原动机的综合时间常数。

令 $T_f = T_S/K_D$ 为系统下降率的时间常数，$K_S = K_D + K_G$ 为全系统的功率频率调节效应系数，由式（4-5）可解出

$$\Delta f(t) = -\frac{\Delta P_{0，0}}{K_S}[1 - 2A_m e^{-at}\cos(\Omega t + \varphi)] \tag{4-6}$$

式中
$$\begin{cases} \alpha = \dfrac{1}{2}\left(\dfrac{1}{T_G} + \dfrac{1}{T_f}\right) \\ \Omega = \sqrt{\dfrac{K_S}{T_S T_G} - \alpha^2} \\ Am = \dfrac{1}{2\Omega T_S}\sqrt{K_S K_G} \\ \varphi = \arctan\left[\dfrac{1}{\Omega}\left(\dfrac{K_S}{T_S} - \alpha\right)\right] \end{cases}$$

考虑调速系统影响时，单机模型下的频率动态过程是一条幅值以时间常数 $1/\alpha$ 衰减的振荡曲线，在扰动初始瞬间具有最大下降率：

$$\left.\frac{df}{dt}\right|_{max} = \left.\frac{d\Delta f}{dt}\right|_{max} = \left.\frac{d\Delta f}{dt}\right|_{t=0} = -\frac{\Delta P_{OL0}}{T_S} \tag{4-7}$$

稳态频降为

$$\Delta f_\infty = -\frac{\Delta P_{OL0}}{K_S} \tag{4-8}$$

且在

$$t_m = \frac{1}{\Omega}\arctan\left(\frac{2T_S T_G \Omega}{K_D T_G - T_S}\right) \tag{4-9}$$

频率偏差达到最大值 Δf_{max}，称为最大频降。

上述频率最大下降率、稳态频降、最大频降和最大频降出现的时间是描述频率下降过程的关键特征量，也是频率控制措施设计中需要重点考虑的特征量。

（二）电力系统暂态频率的时空分布特性

电力系统受到扰动后，扰动量以电磁波的形式传播到各个发电机组，其速度远远大于发电机的调速系统动作速度，在这期间，调速系统实际上来不及反应。当发电机的电磁功率和机械功率出现不平衡时，各发电机组根据其自身的转动惯量在调速系统的作用下产生

反应，其速度又大于自动发电控制系统的动作速度，即在此期间 AGC 来不及反应。

在电力系统正常运行情况下，一旦出现扰动，这里假定为负荷扰动，且负荷扰动主要是有功功率分量，无功功率分量很小，则节点电压的幅值可以当作恒定不变。负荷扰动量的有功功率分量将使扰动点的电压相角发生变化，并由这个相角的变化把负荷扰动量传递到系统的所有发电机组中。

在扰动发生瞬间，负荷的扰动量按各发电机组的整步功率系数在发电机组之间进行分配，这一过程是迅速完成的。同时可以知道，这一过程的完成并不受互联电力系统的任何限制，即负荷扰动量的转移不仅在扰动的本区域内发电机间进行，而且穿越联络线向临近区域转移。同时由于此时任何区域控制方式来不及发挥作用，某一区域系统内发生的负荷扰动必然在联络线上反应出来。

以上讨论的是第一阶段的过程。当发电机组承受了扰动分量后，突然改变了原有的电磁功率输出，而在这一瞬间，由于机械惯性的关系，机械功率不可能突然改变，仍为原来的数值，这时造成的功率不平衡，必然引起发电机组转速的改变。

在此期间，发电机组将由转动惯量起主导作用改变转速。由于负荷扰动点的不同，各发电机组整步功率系数以及转动惯量的不同，各发电机组将按各种有关系数，并伴随着相互之间的作用，来改变机组的功率和系统潮流的分布。由于发电机组的整步功率系数的作用，在改变中使所有发电机组逐渐进入系统的平均转速，而在这个过程中，各个发电机组的瞬时频率实际上是不同的，其围绕系统的平均频率而有所波动。

多数情况下，为了简化模型以及方便分析，电力系统各个节点频率被假设为完全同步变化。但在实际系统中，受到扰动后，同一时刻的空间位置不同的各节点将会有不同的频率，其主要原因如下。

1. 发电机的机械频率对应于发电机的转速，其变化受到发电机惯量的制约，通常是平缓而连续的，不可能出现剧烈的变化现象。瞬时点频率的变化不受任何制约，在特定情况下可能发生剧烈的变化现象。故在扰动初期，扰动点和发电机节点频率呈现不同。

2. 由于负荷扰动点的不同、各发电机组整步功率系数以及转动惯量的不同，在调速器作用后，各发电机不可能具有相同的角加速度，故发电机各节点频率不相同。

三、电力电子设备接入对频率特性的影响

以风力发电、光伏发电、储能等电源接口、柔性高压直流输电、新式负荷和微电网为代表，通过引入 VSC/ISC 型等具备高度外特性定制能力的变流器接口取代了传统的机械开

关接口，直接影响系统惯性，进而在“源—网—荷”全环节逐步显现规模化效应。

（一）转动惯量

由于物理结构的不同，电力电子接口与机械开关接口在惯量响应特性方面存在很大差异。机械开关接口中，原动机直接与电网相连，旋转质块通过释放或吸收旋转动能响应输出电磁功率与输入机械功率的偏差，从而抑制网侧频率的变化。电力电子接口下，原动机通过换流器与电网相连，换流器两端的原动机输入机械功率与网侧输出电磁功率解耦，如风电、光伏发电等原动机一般采用最大功率点跟踪控制，无法通过释放或吸收能量响应功率偏差，不能抑制网侧频率参数的变化，因此电力电子接口不具备惯量响应特性。随着电力电子接口规模化替代机械开关接口，电力系统整体惯量水平随之下降。

电力系统的惯量参数对有功频率调整、频率稳定乃至安全稳定至关重要。当系统出现功率不平衡时，机组惯量越小，其机械转速变化率越大，相应与机械转速直接耦合的电角频率变化率越大，对应系统频率变化率以及最大频率偏差越大，不利于系统的频率快速恢复及频率稳定性。当这两个频率指标达到阈值时，会触发继电保护装置动作，出现切机、切负荷操作，若形成连锁反应，会造成整个系统的频率失稳甚至崩溃。

（二）控制方式对频率特性的影响

当风电场仅通过 VSC-HVDC 与主网系统连接时，与风电场侧相连的换流站 WFVSC 不宜采取定功率控制方式，否则有功功率定值与风电有功出力的不平衡将导致系统不稳定。对此，可以采用定频率控制来保证风电场功率的稳定送出，已有的研究中主要有两种形式：一种是通过检测风电场频率偏差来修正外环有功功率整定值，即有差定频率控制；另一种则采用风电场侧换流器交流电压恒幅值恒频率控制，即无差定频率控制。WFVSC 两种频率控制方式如图 4-2 所示。

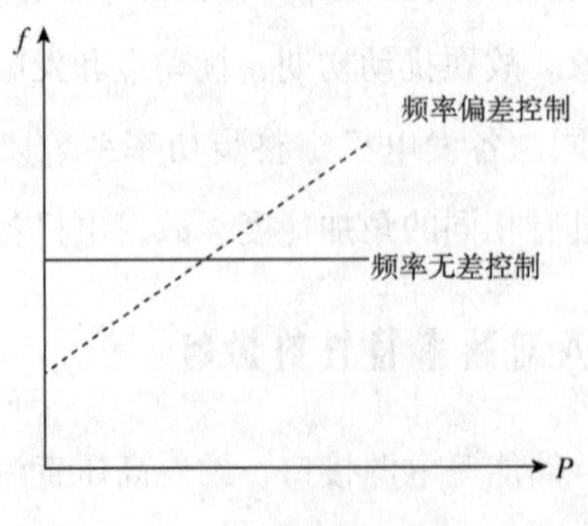

图 4-2　WFVSC 两种频率控制方式

为使风电场系统具备响应电网系统频率变化的能力，需使风电场可以对网侧频率变化进行响应。然而以远程通信为基础的控制方法可靠性不足，尤其是对于长距离海上风电场送出。为实现无通信条件下风电场的频率和电网频率建立联系，需要 VSC-HVDC 两端的换流站有一定耦合关系。

第二节　电力系统的频率调整

电力系统的负荷随时都在变化，系统的频率也随之变化，要使系统的频率变化不超出允许的波动范围，就必须对频率进行调整。

一、电力系统的一次频率调整

（一）一次调频

一次调频是利用系统固有的负荷频率特性，以及发电机组的调速器的有差调节作用，来阻止系统频率偏离标准值，主要调节变化幅度小、变化周期短（一般为 10s 以内）的随机负荷，对异常情况下的负荷突变，可以起到某种缓冲的作用。系统内的发电机组都应参加一次调频，响应时间应该一致，一次调频数学模型、参数的设置都应合理地反映实际的调节过程。

（二）调差系数

调差系数的倒数就是机组的单位调节功率，它是可以整定的，其大小对频率偏移的影响很大，调差系数越小，频率偏移的稳态误差就越小。

（三）死区

在实际系统中，由于测量元件的不灵敏性，对微小转速变化是不能反应的，机械式调速器尤为明显，这就是调速器的测频死区。因此，调节特性实际上具有一定宽度。

死区的存在有利于发电机组稳定运行，但同时也降低了一次调频的能力。死区越大，则调节阀门动作时间不能快速反应汽轮机转速的变化，不但频率的偏移较大，而且稳态误差也较大。尤其是机组甩负荷时，死区的存在会滞后调节阀门的关闭，聚集的能量造成转速超额上升，有可能引起二次飞升，导致更高一级保护装置动作。

（四）速率限制

水是不可压缩的液体，水轮机和引水管承受冲击的能力是有限的，如果导叶关得过快，产生的压力会导致压力管破裂，水能机叶片断裂；汽轮机汽缸的压力和温度不会突变，而汽轮机叶片的热应力、机械应力承受能力同样有限。这要求对导叶运动速率进行控制。通常为PI控制，当系统响应达到限值时，系统响应是阶跃响应信号和斜坡响应信号的叠加，稳态分量是与输入函数的斜率相等，具有滞后时间的斜坡函数；瞬态分量是一个衰减的非周期函数。因此，只有当系统响应小于其变化率时，系统才能达到稳态。常常把导叶运动速率更进一步控制在接近全关闭的缓冲区来提供减震作用。

（五）幅值调节限制

为了防止一次调频动作时，机组出现过负荷的情况，对一次调频因子进行幅值限制，人为设置限幅环节，用来限制调频的幅度，典型值为机组所带负荷值的10%。

汽轮机一次调频的控制阀在高压缸之前，经数字电液控制（Digital Electric Hydraulic，DEH）调节控制阀，可调节三个缸的气体流量，从而调节整个汽轮机的出力。将一次调频的负荷要求叠加在原负荷指令上，使调门的动作与DEH侧的一次调频保持一致，同时将一次调频的功能设置在协调控制（Coordinated Control System，CCS）侧改变锅炉指令，使锅炉与汽机能量上保持平衡。然而，汽缸气体流量和压力的传递是一个过程。首先，DEH的惯性时间常数一般为0.2s；其次，缸体本身也是一个惯性延时环节，在0.1~0.2s。惯性延时最大的环节是管道系统，最大的延时环节是再热器惯性时间常数。国产300MW机组再热器时间常数为9s左右。高压缸做功可以经DEH快速调整，而中、低压缸却要经过9s的惯性延时。因此，功率调节幅值过大会造成超调现象，如果功率调节幅值过小，当功率调节幅值达到功率调节幅值限制时，系统频率动态响应将受到严重的影响。幅值调节整定值越小，频率响应越慢，稳态误差越大。其稳态偏差为

$$\Delta f = \frac{\Delta P_{\mathrm{low}}/\Delta P_{\mathrm{up}} - \Delta P_{\mathrm{D}}}{D} \tag{4-10}$$

式中　Δf——为频率的稳态偏差；

ΔP_{D}——为负荷变化量；

ΔP_{low}，ΔP_{up}——分别为机组功率调节幅值下限和上限；

D——为负荷频率阻尼系数。

二、电力系统的二次频率调整

二次频率调整是指通过操作机组的调频器将机组的频率特性平行移动，使扰动引起的频率偏移减小到允许的范围内。随着频率控制理论的发展，自动发电控制以及调度水平的提高，电力系统通过自动控制来代替人工的操作，由计算机对各个控制单元进行控制。

通过调频器进行二次调频。电力系统中并不是所有的机组都参与二次调频，由少数的电厂担任二次调频，称为调频厂。调频厂需要具有足够的调整容量、较快的调整速度，以及调整范围内良好的经济性。一般情况下，由系统中容量较大的水电厂担任调频厂。

汽轮机和水轮机的一次调频单从模型图上分析是一致的，但物理本质上却有不同。汽轮机一次调频的本质是一种临时性的、暂时的调节，可以短时间内改变输出机械功率，但却不涉及驱动发电机组能量的改变，如果要改变能量，必须要进行二次调频；而水轮机的一次调频不仅改变输出的机械功率，还改变驱动发电机组的能量，是一种稳定的、长期的改变。这一点是由水轮机、汽轮机驱动媒质的不同所决定的。

三、新能源发电参与系统频率调整

风力发电机组可以分为定速风电机组和变速风电机组两个大类。其中，定速风电机组与传统火电机组相类似，转子转速与电力系统频率直接耦合，能够对电力系统频率波动做出响应，但是定速风电机组主要用于小容量的风力发电。随着风电机组的容量越来越大，变速风电机组已经成为当前的主流风电机组，典型变速风电机组的转子转速与电力系统频率解耦。变速风电机组的等效惯性时间常数为零，不能积极响应电力系统频率的波动，要实现变速风电机组参与调频，必须对风电机组进行辅助控制。变速风电机组参与电力系统调频的研究集中在风电机组为电力系统提供惯性支撑、风电机组参与电力系统一次调频的能力。

（一）惯性支撑

大规模风电功率的接入替代了部分传统机组，减小了整个电力系统的惯性，电力系统的频率稳定将受到严重威胁，为此风电机组能够为电力系统提供类似传统机组的惯性支撑，具有十分重要的理论与实际意义。

（二）一次调频

变速风电机组在适当控制下不但能够为电力系统提供惯性支撑，而且与传统机组相比，变速风电机组具有更快的响应速度，是在系统发生功率波动时为系统提供一次调频服务的一个较好的选择对象。在风电渗透率不断提高的背景下，风电机组参与电力系统一次调频将成为一种必要的选择。

风电机组参与电力系统的一次调频主要是通过不同的方法进行弃风，以保证一定的有功备用容量。如何实现提供相同的备用容量，尽量减小弃风电量，从而提高风电场的经济效益是一项值得研究的内容。

高风电渗透率电力系统中风电机组的惯性响应控制能够减小系统的频率跌落速度及幅值，一次调频控制能够加速系统频率的恢复，与单独应用一种控制策略相比，两者的有机结合进一步提高了系统的频率响应能力。

综上，风电场的惯性支撑和一次调频控制的结合为电力系统提供了连续的有功功率调节，能够更好地调整系统频率，是风电场为电力系统提供调频辅助服务的较好选择。

四、直流输电参与系统频率调整

电力系统安全稳定运行的主要目标之一是维持电力系统的频率稳定。大规模电网的多区域互联、交直流混联运行等给电力系统频率稳定带来了挑战。利用高压直流输电具有的直流功率快速调制和短时过载的能力，借助交直流系统联合控制手段，可改善交直流电力系统的频率特性和暂态稳定性。

（一）直流电压下垂控制

若同一时刻直流网络的不平衡功率只有单一换流站承担，可能会导致与之相联的交流侧系统频率发生较大变化。为使所有具备功率调节能力的换流器都参与直流网络不平衡功率的调节，换流站应运行于平衡节点状态。直流电压下垂控制策略的控制思路来源于交流系统中的调频控制器。

直流电压下垂控制策略不需要站间通信，也不需要控制模式的切换，所有具备功率调节能力的换流站根据其所测得的直流电压值，按固定斜率调整功率指令值共同承担直流网络不平衡功率。

（二）直流附加频率控制

直流电压下垂控制策略不仅使多个换流器共同参与直流网络不平衡功率的调节，而且减缓了单主导换流站情况相连交流系统所承受的冲击。但该策略仍可能导致交流侧系统频率发生不可接受的变化，原因如下。

1. 在交流系统的频率发生变化时，换流站并不能对交流侧系统的频率变化做出响应，交流侧频率的变化只能取决于本地发电机组的调频能力和负荷的功频特性。

2. 其他交流系统并不能通过 VSC-MTDC 进行功率支援，未充分利用整个互联交流系统的频率调整能力。

3. 并未考虑换流站所联交流系统的调频能力。各换流站按照一定比例分担直流网络出现的较大不平衡功率时，可能导致个别换流站所联交流系统的频率产生较大偏差。

为使其他具有调频能力的交流系统可通过 VSC-MTDC 参与事故端系统的频率调整，在有功功率指令值中引入频率—有功功率斜率特性，并通过设置上下限动作值抵抗系统控制器静态波动的干扰和避免附加控制策略的频繁切换。

（三）直流功率紧急支援

直流功率紧急支援属于直流调制中的开环控制方式，由事件或某种信号触发，根据事先制定的策略表或预案迅速改变直流系统的输电功率，包括紧急直流功率提升和功率回降，即

$$P_{dc}^{'} = P_{de0} + K(t_2 - t_1) \tag{4-11}$$

式中 P_{de0}——为直流线路初始功率；

K——为调制速率；

t_2——为直流功率提升/回降结束时间；

t_1——为直流功率提升/回降开始时间；

$P_{dc}^{'}$——为功率紧急提升或回降后的直流线路功率。

在实际应用中，直流功率紧急提升，需要考虑直流系统的过负荷能力限制，直流功率紧急回降，需要考虑直流系统最小运行功率的限制。

第三节　频率稳定性分析方法

一、静态频率稳定判据

静态稳定性是指电力系统在某一运行方式下受到一个小干扰后，系统自动恢复到原始运行状态的能力。如果系统能恢复到原始运行状态，则是静态稳定的；否则，是静态不稳定的。小干扰通常指正常的负荷波动和系统操作、少量负荷的投切以及系统接线方式的转换等。电力系统的静态频率稳定性的判断就是小干扰下能否维持系统频率为额定值的问题。单机带集中负荷系统如图 4-3 所示。

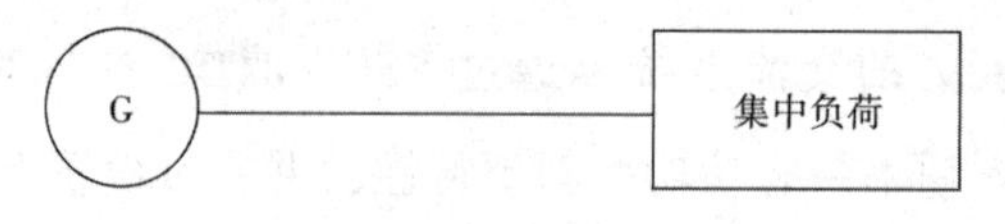

图 4-3　单机带集中负荷系统

二、暂态频率稳定判据

单机带集中负荷大系统模型如图 4-4 所示，发电机向一个等值集中负荷供电并通过联络线连接到一个大系统中，联络线送出或接受有功功率。

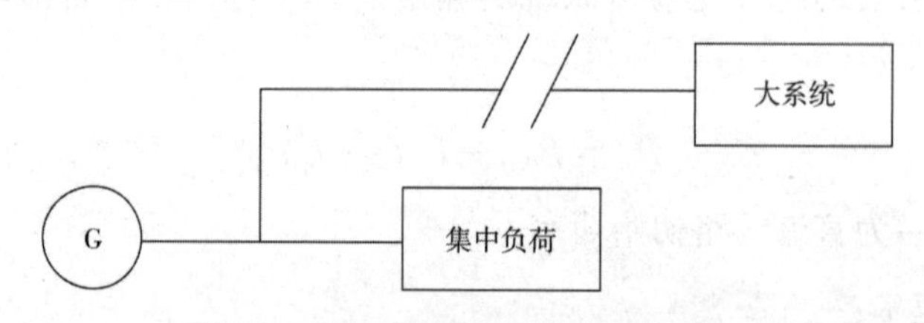

图 4-4　单机带集中负荷大系统模型

电力系统的暂态频率稳定性是指系统受到大干扰后，系统频率维持在允许范围内或者恢复到额定值的能力。大干扰一般指的是短路、切除输电线路或发电机组、投入或切除大容量负荷等，针对暂态频率稳定，这里采用断开联络线实现较大功率不平衡。

在暂态频率稳定研究中，有功功率不平衡通过断开联络线实现。在这样的简单系统中，只有一台发电机，也就不存在功角稳定问题。等值集中负荷保持稳定，不会持续增长或减少，正常运行时远离电压稳定极限点，联络线上除了有功功率，还可能会有无功功率的传输，总能够调节联络线功率使联络线断开前后负荷的电压值接近不变，也就不存在电压稳定问题。单机带集中负荷联大系统模型突出了发电和负荷较大不平衡造成的暂态频率稳定问题。

由以上讨论可知，系统暂态频率的稳定主要受制于发电机安全运行，一旦超过发电机安全运行的约束条件，发电机的各种控制与保护就会动作。与频率稳定相关的控制与保护主要有发电机低频保护切机、发电机超速保护（OPC）和发电机高频切机等。由于这里的发电机是孤立电网的唯一电源，切除发电机也就意味着暂态频率的崩溃，而唯一的发电机，其 OPC 的动作会使系统频率反复振荡，一直无法稳定，系统频率也会不稳定。

控制和保护的动作一般要求频率偏差及频率偏差的持续时间同时满足条件。每一段频率偏差都有不同的持续时间限制，考虑频率偏差引起保护动作，以最大、最小偏差值 f_{cr-max}，f_{cr-min} 作为发电机 OPC、低频切机的动作条件，一旦满足即视为造成暂态频率不稳定。

假设线路切除前瞬间，孤立电网通过联络线向大系统输送功率，发电机负荷均处于正常运行状态 f_0，系统频率为额定频率系统加速功率 $\Delta P = P_G - P_L' = 0$，如图 4-5 所示。

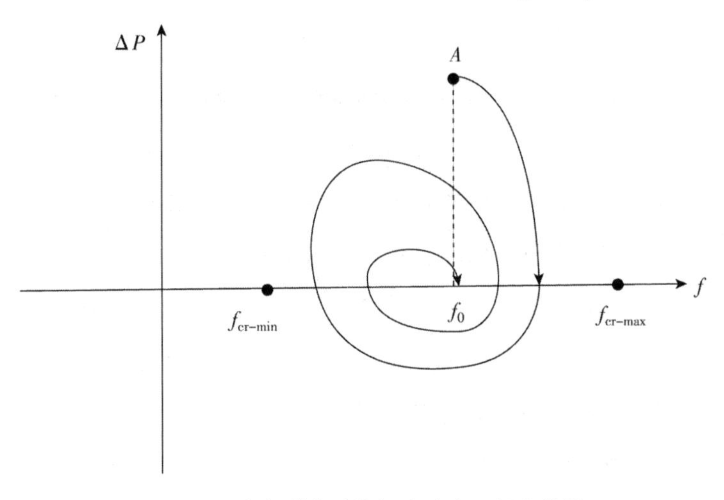

图 4-5　功率剩余时的加速功率—频率曲线

在断开联络线瞬间，系统出现功率剩余，$\Delta P = P_G - P_L' > 0$，而系统的频率不能突变，运行点变为 A 点，系统频率逐渐升高。随着系统频率升高，发电机调速系统动作，发电机发出的有功功率减少，同时由于负荷的频率调节效应，负荷吸收的有功功率增加，造成总的有功功率剩余减少，直到有功功率剩余为零，系统频率达到最大值。此时，若系统最大频率低于 f_{cr-max}，则高频切机不会动作，系统能够保持暂态频率稳定。若只考虑发电机一次调频，则系统频率稳定在这个最大值点。若考虑发电机二次调频，则虽然有功功率剩余为零，但系统频率仍然超过额定频率，因此发电机调速系统继续动作，发电机发出的有功功率减少，系统出现功率缺额，致使系统频率由最大值逐渐下降，导致负荷吸收的有功功率也随之逐渐减少，当系统频率下降到额定频率时，系统有功不平衡量再次为零。但由于发电机组调速系统的惯性作用，系统频率往往不能立即维持在额定值，而是使频率继续降低至低于额定频率值。发电机调速系统随之再次动作，使发电机有功功率增加，有功缺额减少，系统频率回升。经过一系列的频率振荡，最终系统频率恢复到额定值。

若联络线断开瞬间，大系统通过联络线向孤立电网输送功率，则断开联络线瞬间，系统出现有功缺额，如图 4-6 所示。

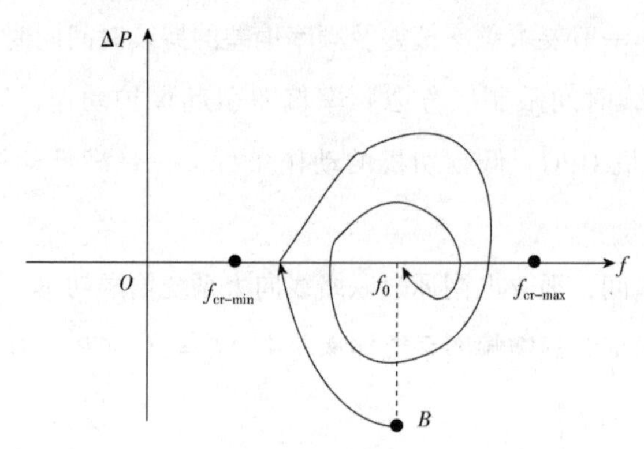

图 4-6　功率缺额时的加速功率—频率曲线

联络线断开瞬间，$\Delta P = P_G - P_L' < 0$，而电力系统的频率不能突变，系统运行点变为 B 点，系统频率逐渐减小。随着系统频率减小，发电机调速系统动作，发电机发出的有功功率增加，同时由于负荷的频率调节效应，负荷吸收的有功功率减少，造成总的有功缺额减少，直到有功缺额为零，系统频率达到最大值。此时，若系统最小频率高于 f_{cr-min}，则低频保护切机不会动作，系统能够保持暂态频率稳定。若只考虑发电机一次调频，则系统频率稳定在这个最小值点。若考虑发电机二次调频，则虽然有功缺额为零，但系统频率仍然低于额定频率。因此发电机调速系统继续动作，发电机发出的有功功率增加。系统出现功率剩余，系统频率升高，同时负荷吸收的有功功率增加，当系统频率增大到额定频率时，系统有功不平衡量再次为零。但由于发电机组调速系统的惯性作用，系统频率往往不能立即维持在额定值，而是使频率继续升高至高于额定频率值。发电机调速系统再次动作使发电机有功功率减少，有功缺额减少，系统频率降低。经过一系列的频率振荡，最终系统频率恢复到额定值。

一般情况下，发电机的二次调频速度远远低于一次调频速度，在暂态情况下，一次调频的作用效果往往直接决定了系统频率稳定与否。因此，主要考虑一次调频的作用，系统暂态频率稳定的判据可由图形分析得到

$$\Delta P(f)\big|_{f=f_{cr}} = 0, \qquad f_{cr-min} < f_{cr} < f_{cr-max} \tag{4-12}$$

三、频率稳定性分析方法

电力系统稳定性分析一般有两类方法：一类是逐步积分法，通过对微分方程的积分求解来判断系统稳定。另一类是直接法，它不需逐步积分，直接通过代数运算判断系统稳定。电力系统暂态稳定分析的直接法是以李亚普诺夫稳定性理论为基础的暂态能量函数法，已基本达到在线应用水平，构成了电力系统动态安全分析的基础。

直接法又称暂态能量函数法，该方法通过构造系统暂态能量函数，并与系统所能吸收的最大暂态能量（称为临界能量）比较以判断系统暂态稳定性。暂态能量函数法不仅能定性地判断系统稳定性，还能获得系统的稳定裕度，定量地分析系统的暂态稳定性。

全时域仿真法能够详细模拟系统动态设备和网络，算法成熟，能够适应不同类型的扰动，是暂态稳定分析常用的分析方法，目前已经有多种成熟的软件。全时域仿真法的优点是能够全面反映系统动态过程，但也导致频率稳定与功角稳定和电压稳定相互耦合，频率稳定分析难度较大。

电力系统是高维、强非线性动态系统，迄今为止无法对其动态过程进行解析求解。且受模型、参数等因素制约，对其进行严格的仿真计算也十分困难。全状态模型考虑了机组、负荷、网络以及控制器的动态特性，以期能够尽可能真实地反映系统在扰动作用下的动态行为。

目前电力系统机电暂态时域仿真工具都基于全状态模型；通常认为暂态过程中频率偏移不会很大，在发电机、网络等模型处理方面做了适当简化。在此，仅以国内应用广泛的PSASP、BPA 和 PSS/E 为例比较各种程序的不同处理方法。

PSASP 和 PSS/E 在程序实现中都忽略了定子电压方程中频率变化的影响，而转子运动方程中则对其进行了考虑。中国版 PSD-BPA 程序对发电机模型中频率的简化处理比较灵活，允许用户选择简化处理方式，从而得到四种频率影响处理方式：①两者都不考虑频率影响；②仅定子电压方程考虑频率影响；③仅转矩方程考虑频率影响；④两者都考虑频率影响。

机电暂态程序中网络通常采用准稳态模型，忽略频率变化对线路、串并联补偿设备参数的影响，这样就导致其不适宜模拟频率偏离额定值过大的场景。BPA 和 PSASP 都不能考虑频率变化对网络参数的影响。PSS/E 提供了考虑频率影响与否的选项：选择考虑频率影响时，线路电抗和电容、发电机内电抗、无功补偿器以及以恒阻抗模拟的无功负荷都会随频率的变化而改变，从而能更加真实地模拟频率大幅度变化的场景；但考虑频率变化时迭代次数将会增加。

低频减载、低频/高频机组保护功能的实现是机电暂态程序详细模拟频率动态的前提之一。PSS/E 有发电机低频和高频保护模型，只能设置一组保护参数；PSASP 有机组高频保护模型，但没有机组低频保护模拟功能；与之相反，BPA 具有低频保护模型，但没有高频保护模型。

大扰动导致频率大幅偏移后，如果控制措施不及时或控制量不足，频率不能及时回升，锅炉/辅机出力将随频率下降而大幅度降低，从而导致机组出力进一步降低，功率缺额进一步增加，频率继续下降，如此恶性循环直至频率崩溃。因此，在较长时间窗内研究频率动态时，辅机的频率特性是重要建模内容之一。目前 BPA、PSASP 都只能仿真机电暂态，没有锅炉/辅机模型；PSS/E 可以进行中长期仿真，其提供了锅炉模型，但没有考虑频率变化对辅机出力的影响。可以借助 PSS/E 的自定义建模功能为其建立详细的辅机模型。全时域仿真模型结构如图 4-7 所示。

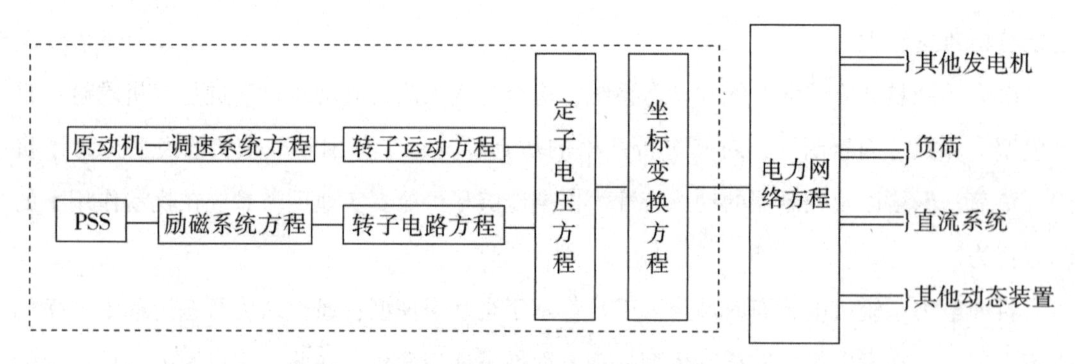

图 4-7　全时域仿真模型结构图

在模型足够完善、参数足够准确的情况下，全状态数值仿真可以得到详细的系统频率动态，并可以考虑频率动态过程的时空分布特征。但计算量往往较大，特别是在早期计算机处理能力较弱时，通常需要对频率响应模型进行简化处理。

对全状态模型进行简化处理可以提高计算效率，特别是在系统规模较小时，通常认为各发电机联系紧密，网络影响可以忽略，从而系统各机组频率响应相同。在此假设下，对系统进行等值处理，用单机带集中负荷的模型来计算系统频率响应。平均系统频率 ASF 模型在全状态模型基础上进行简化，将全网所有发电机转子运动方程等值聚合为单机模型，但保留了各机组原动机—调速系统的独立响应。

这种简化模型因其简单、清晰，在电力系统频率分析中应用广泛。SFR 模型可解析求解给定扰动下系统频率最大偏移量及其对应出现的时间，计算量小，但其无法考虑复杂负荷模型和其他类型故障。由于没有考虑频率或电压跌落对锅炉及其辅机出力的影响，因而不能在更大频率波动范围和更长时间窗内模拟系统频率动态，适用于规模较小的电网。现代互联电网频率动态响应时空分布特征明显，仍然基于简化模型对互联大系统频率响应进行分析并以此制定频率安全稳定控制措施会带来较大误差。

第四节　频率安全稳定性评估指标

一、频率安全的描述

在电力系统分析中，通常用选定的频率跌落门槛值（f_{cr}）和固定的频率异常持续时间（T_{cr}）构成一个二元表（f_{cr}，T_{cr}）来描述暂态频率偏移可接受性问题。当母线的频率偏移超过f_{cr}的持续时间大于T_{cr}时，认为系统频率偏移是不可接受的，系统频率不安全。

由于系统在不同偏移值下允许的持续时间不同，频率异常的动态过程必须针对不同的频率偏移值用不同的最大持续时间来约束。因此，需要用多个二元表，而不能仅用单个二元表。

频率安全量化分析技术已有成熟的研究成果。其计算公式为

$$\eta_f = [f_{min.\,i} - (f_{cr.\,i} - kT_{cr.\,i})] \times 100\% \tag{4-13}$$

式中　η_f——是母线 i 的暂态频率偏移可接受性裕度；

$f_{min.\,i}$——指动态过程中母线 i 频率的极小值；

k——是将临界低频率持续时间折算为频率的因子，相当于将临界条件（$f_{cr.\,i}$，$T_{cr.\,i}$）转化为（$(f_{cr.\,i} - kT_{cr.\,i})$，0）。

对于频率偏高情况的二元约束（$f_{cr.\,i}$，$T_{cr.\,i}$），需要对发电机或母线实际频率$f(t)$和门槛值$f_{cr.\,i}$方转换成频率跌落的形式，$T_{cr.\,i}$不变，就可以直接利用式（4-13）计算频率偏移裕度。

不同节点可能有不同的多个二元约束，在实际频率受扰轨迹的基础上利用式（4-13）计算每个二元约束的偏移可接受性裕度，裕度最小的二元约束即为该节点的频率偏移可接受性裕度。根据最小值原理，所有节点中最小裕度即为该故障下的系统暂态频率安全裕度。

二、基于频率安全二元表的暂态频率偏移安全裕度

对于暂态频率稳定性的评估，主要有两种指标：一是定性指标，二是定量指标。定性

指标考虑到暂态频率偏移安全性，基于给定的频率偏移限值f_{cr}和偏离该参考值的最大持续时间t_{cr}构成一组二元表判据（f_{cr}，t_{cr}），由此判断系统频率偏移的可接受性，但该指标对频率跌落的影响缺乏考虑，仅能定性而不能定量分析系统频率不可/可接受性的程度。因此，考虑到定性指标的缺陷，定量指标将频率响应曲线可能达到的频率范围分为多个频带并且分配不同的权重，如图 4-8 所示。

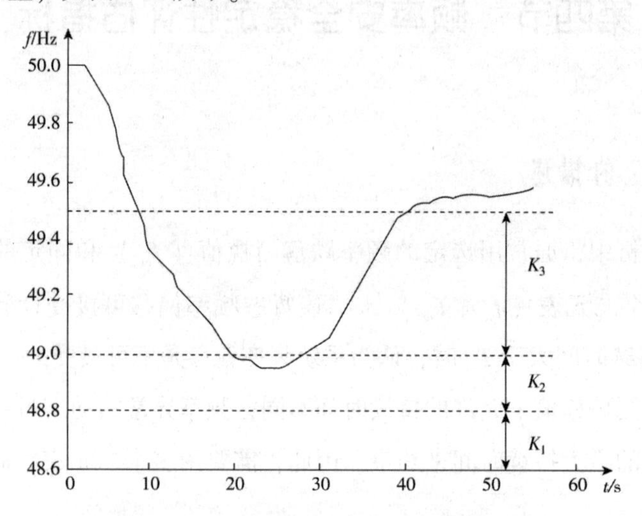

图 4-8　暂态频率稳定性指标频带划分

按照不同权重因子进行加权积分，即可获得暂态频率稳定性评估指标 F 如下：

$$F = \sum_{i=1}^{n} \sum_{j=1}^{m} k_j g(f[t_i]) \ |f[t_i] - f_N| \Delta t_i \tag{4-14}$$

式中，

$$g(f[t_i]) \begin{cases} 1 & (f_{j-1} \leqslant f[t_i] \leqslant f_j) \\ 0 & (f[t_i] < f_{j-1} \text{或} f[t_i] > f_j) \end{cases} \tag{4-15}$$

式中　$f[t_i]$ ——为频率响应曲线上时刻t_i对应的频率标幺值；

f_N ——为系统额定频率；

f_j ——为高于额定频率的频带j的下限频率，或低于额定频率的频带j的上限频率；

Δt_i ——为频率响应计算采取的时间步长；

k_j ——为频带j的权重因子。

根据式（4-14）提出的指标，先判断不同时刻频率是否进入某一频带，对于进入某一频带的频率，在其竖直方向（跌落深度）上赋予不同的权重，从而反映不同频率跌落的影响，提高频率稳定评估的精度。

暂态过程中，物理量的偏移（包括偏离幅度和持续时间）是否在给定范围内是判断其安全性的主要依据。对暂态频率偏移安全性的要求，可由基于给定频率偏移阀值（f_{cr}）偏出此给定值的频率异常持续时间（t_{cr}）构成的二元表（t_{cr}，f_{cr}）来描述。

根据频率曲线与二元表（t_{cr}，f_{cr}）的关系，可细分为以下三类情形，在此进行分类分析安全裕度指标定义。

（一）$t_b=0$

频率响应曲线与直线$f=f_{cr}$没有交点，也即$t_b=0$。对于给定的二元表，直线$f=f_N$与频率曲线之间、以t_{cr}为固定宽度观察窗的包围面积，会随位置不同而变化，如图4-9所示。图中S_1，S_2，S_k表示观察窗不同位置时对应的包围面积。该面积表征了过渡过程中，不同位置观察窗口（宽度为t_{cr}）频率跌落严重程度。其中，总有一个最大值，如图中S_2所示；此时，与该最大面积窗口位置对应的频率曲线与$f=f_{cr}$所包围最小面积（S_0）反映了距离安全限值的程度，可以用来定义频率安全裕度。

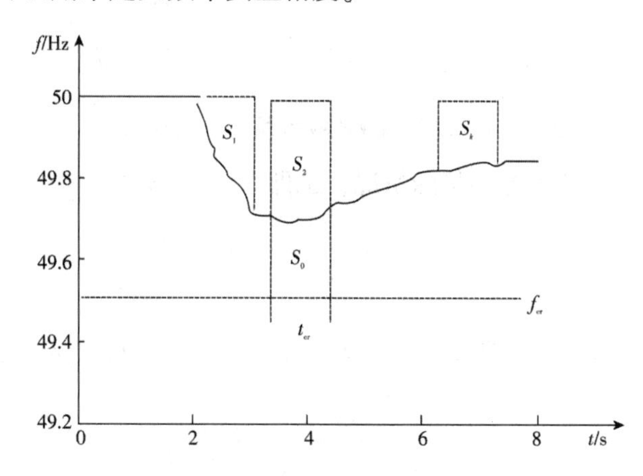

图4-9　频率响应曲线示例：$t_b=0$

在此，定义统一的安全裕度指标：

$$\eta=\frac{S_d}{(f_N-f_{cr})t_{cr}} \tag{4-16}$$

式中，

$$S_d=\min\int_{t_s}^{t_s+t_{cr}}(f-f_{cr})\,dt \tag{4-17}$$

此时安全裕度实际为

$$\eta=\frac{S_b}{(f_N-f_{cr})t_{cr}}=\frac{S_0}{S_0+S_2} \tag{4-18}$$

（二）$0 < t_b < t_{cr}$

频率响应曲线与直线$f = f_{cr}$有交点，但频率偏差f_{cr}的时间小于t_{cr}，即$0 < t_b < t_{cr}$安全裕度仍为式（4-19）所定义，此时安全裕度计算中，低于频率限值的部分包围面积为负值。图 4-10 中安全裕度实际为

$$\eta = \frac{S_b}{(f_N - f_{cr})\, t_{cr}} = \frac{S_1 + S_3 - S_2}{S_1 + S_3 + S_4} \tag{4-19}$$

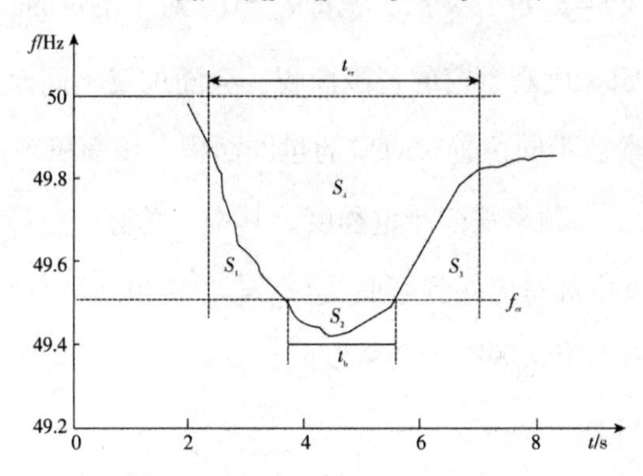

图 4-10　频率响应曲线示例：$0 < t_b < t_{cr}$

此类情形包含安全裕度为零的特殊情况，也即$S_1 + S_3 = S_2$。

（三）$t_b > t_{cr}$

频率响应曲线与直线$f = f_{cr}$有交点，且$t_b > t_{cr}$，如图 4-11 所示。图中安全裕度表示

$$\eta = \frac{S_d}{(f_N - f_{cr})\, t_{cr}} = -\frac{S_2}{S_1}$$

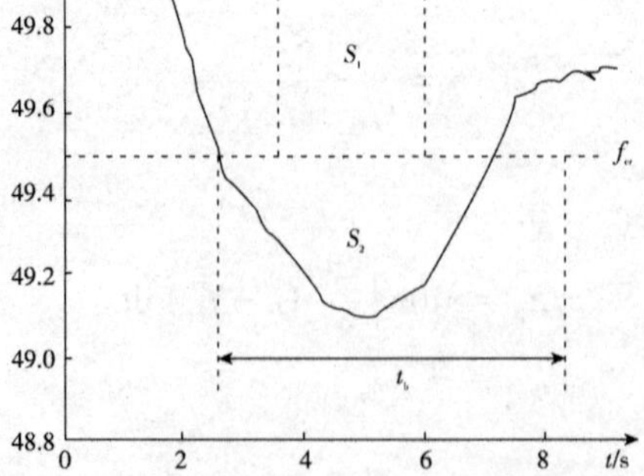

图 4-11　频率响应曲线示例：$t_b > t_{cr}$

三、基于频率响应曲线的暂态频率稳定性评估指标

在已知频率响应曲线的基础上，提出了暂态频率稳定性评估指标 F，指标 F 将频率响应曲线可能达到的频率范围分为多个频带并且分配不同的权重并对其进行了加权积分，反映频率从偏离正常运行到频率崩溃的完整过程。

对于进入不同频带范围的频率响应曲线，根据不同的权重因子进行加权积分，可得到暂态频率稳定性评估指标，记为 F，参考式（4-14）、式（4-15）。

权重系数的整定主要依据系统频率安全运行的要求以及频率稳定控制措施协调配合的原则，权重因子的设置使得当频率不满足要求时，指标计算结果大于 1。根据指标 F 的整定可以得出：

$F \geqslant 1$：频率不稳定，高周切机策略不满足频率响应要求。

$F < 1$：频率稳定，高周切机策略满足频率响应要求。

从指标 F 的定义可以看出，指标 F 可以综合地反映系统频率受到扰动后在各个频段的持续时间，判断是否满足系统稳定运行的要求。同时指标 F 的权重因子可以根据电网结构、稳定运行要求的不同进行整定，有较好的灵活性和实用性。但是，该指标仅考虑了送端系统中以火电为主的情况，当系统中含有大量的风电时，频率变化会引起风电频率保护装置动作，导致风电场脱网，因此该指标在适用范围上存在一定的局限性。

第五节　提高频率安全稳定的措施

一、提高系统频率稳定的措施

（一）提高系统静态频率稳定的措施

电力系统的频率如果能够始终严格维持在额定频率附近，那么小干扰时的系统频率的静态稳定性就不是问题，而在系统正常运行时，一次调频必然存在频率偏差，要维持系统频率在额定值，主要措施就是二次调频的自动发电控制。

对于区域电网，常通过一些弱联络线连接，严格控制联络线上的功率，是保证跨区域电力系统安全稳定的关键，而自动发电控制分区控制模式的主要目标就是在维持系统频率

的同时控制联络线功率为计划值。各个控制区域内部也会存在电气联系薄弱的线路，AGC与安全约束调度（Security Constrained Dispatching，SCD）相结合，将校正线路越限的控制策略传送给AGC，通过调整发电机出力，以消除重载长线功率越限。AGC使电力系统频率始终处于额定值附近，使系统潮流处于正常状态，这对系统频率稳定是一种预防控制的作用。

AGC的有效实现要以系统有足够备用和备用调节速率满足要求为基础。因此，要发挥AGC的预防控制作用，还必须保证系统的备用和备用调节速率满足AGC有效运行的要求。

（二）提高电力系统暂态频率稳定的措施

电力系统暂态频率稳定的关键就是控制发电和负荷功率的尽快平衡，从这两个方面来分析。

1. 发电不足时的控制措施

当系统的发电不足时，通过控制使系统发电增加、系统负荷减少，并使系统的动态频率满足运行要求：①控制热备用迅速投入运行；②控制可中断负荷中断供电；③控制冷备用投入运行；④当频率下降到一定程度时，按频率切除部分负荷。

2. 发电过剩时的控制措施

当系统的发电过剩时，通过使系统发电减少、系统负荷增加，并使系统的动态频率满足运行要求：①控制没有供电的可中断负荷迅速供电；②通过调速系统迅速减少系统发电；③当频率升高到一定程度时，按频率切除部分发电机。

二、电力系统高频切机

当电力系统遭受大扰动时，系统出现大的有功缺额或者是系统的有功过剩，此时系统控制动作进行切负荷或者切机动作，以保障系统的频率稳定。

电力系统出现有功缺额时，造成系统的供配不平衡，有功缺额过大超出一次调频的作用范围，此时系统频率下降。为了保证系统频率在合理的范围，将切除部分负荷来平衡系统的供配平衡，防止电力系统崩溃。

电力系统的有功过剩会拉动系统的频率过高，导致发电机的转速过快，因此必须采取有效的控制措施来抑制频率的升高。当电网送端联络线短路或者断路，造成大功率的负荷丢失时，要防止发电机失去暂态稳定性，必须迅速进行切机操作，抑制发电机的转子加速，尽可能地保持系统的供配平衡。

（一）高周切机配置原则

发电机组配置的频率紧急控制措施包括了高周切机措施，但是当系统有功过剩导致频率升高时，连锁切机措施应该首先动作，然后再考虑高周切机措施，使主保护和后备频率保护相互结合。

在考虑高周切机方案时，OPC 的动作值应该和高周切机的频率限制进行配合，保证系统在高周切机以后不会达到 OPC 的整定值，即不会出现欠切的情况。同时高周切机配置还应该与低频减载、振荡解列等其他安控措施、外送规模和运行方式配合。

1. 切机轮次的确定和延时确定

设计高周切机方案时，如果切机轮次过多或者过少都会影响频率稳定，一般为 3～5 轮。对于汽轮机组，高周切机的第一轮最低值一般应大于 50.5Hz；执行高周切机方案以后，不应该出现欠切的情况，否则系统频率上升到 OPC 的动作值 51.5Hz，执行高周切机方案后不会导致过切使系统频率大幅度跌落。当系统频率大于 51.5Hz 时，发电机在这个频带运行的总时间不超过 30s，考虑上升和下降的延迟，在 50.5～51.5Hz 所配置的高周切机方案中，发电机动作延时小于 10s，且每一轮的切机延时应该不小于 0.2s。

2. 切机选择原则

在一个由风、光、火、水构成的发电系统中，频率升高时优先切除水电机组。由于风电光伏出力具有不确定性，风电光伏并网后会减小系统惯量，并且不参与调频，所以执行高周切机方案时应优先考虑风电光伏机组。

（二）高周切机配置方案

1. 切机量

利用单机等值模型求出不同切机量下的稳态频率，考虑高周切机量占总发电功率的百分数以及送端稳态频率值确定出切机量。

2. 首末轮频率

通过不同的方法（如等效传函）求出系统在不同首轮频率整定值下的频率响应，基于送端频率最大值和其他暂态性能指标选取首轮启动值频率。对于末轮频率的动作值，为了避免 OPC、先动作，首先整定为 51.4Hz。

3. 设定轮次

轮次不应设置过多或过少，过多会导致无法配置合适的机组，过少可能会导致过切从而使低频减载装置动作，一般设置3~5轮。根据首末轮整定值和轮数可以得到高周切机的级差。各轮次配置的延时不少于0.2s，前面轮次的延时应尽可能小，由于发电机组的惯性时间常数使频率响应存在时间延迟，所以后面轮次的延时应增加。

根据相关规定，当电网频率达到51.5Hz且持续30s时，汽轮发电机应立即启动机组高频保护切机。因此，确定高频切机方案的边界条件是控制频率曲线，最高不超过51.5Hz，同时为避免触发低频减载动作，频率最低不低于49Hz，最终稳态恢复频率应在49.5~50.5Hz。

三、电力系统低频减载

低频减载作为电力系统安全稳定控制的最后一道防线，在国内外已经得到广泛应用。在系统或地区功率缺额严重时，低频减载可能来不及动作导致频率崩溃。因此，快速判断扰动后系统稳态频率，有效地进行自动切负荷，对防止频率崩溃事故具有十分重要的意义。

目前低频减载方案主要有两类：一类是按照频率变化量分级延时减载，每级按照各自的启动频率延时切除预先设定的负荷；另一类是为了提高低频减载的自适应性，通过测量功率缺额出现瞬间各发电机组频率变化率，然后针对暂态过程不同发电机组频率变化率存在差异的特点，取平均值作为系统频率的变化率，以此估计系统功率缺额的大小，最后每级按照功率缺额的比例进行延时切负荷操作。

这两类方案都是逐次逼近的低频减载，基于单机带集中负荷模型设计，认为全网负荷具有相同的频率特性，将系统负荷作为一个综合负荷考虑。各节点负荷的频率调节效应系数K_D认为相同且是固定值，既没有考虑不同负荷节点K_D的不同，也没有考虑同一负荷节点K_D的动态变化，实际运行中常出现过切、欠切或根本来不及动作等多方面的问题。

低频减载采用多轮切除的根本原因是负荷切除量难以一次确定，只能逐次逼近。同时由于采用本地频率信号作为负荷切除启动信号，为了避免暂态过程中节点瞬时频率的差异对低频减载的影响，每一轮都要采用延时切除。多轮延时造成系统频率可能长期处于较低水平，恢复速度缓慢，不利于电力系统安全稳定运行。而基于同步相量测量技术的广域测量系统可以在统一时空坐标下监测电力系统动态特性，为低频减载从目前的分散控制转变为集中控制以及从系统层面进行优化减载提供了可能。

第五章 电力系统功角暂态稳定

第一节　暂态稳定的物理过程分析

以单机无穷大系统为例，在分析大扰动后发电机转子相对运动过程的基础上，简述等面积定则的原理及其在暂态稳定分析中的应用。

一、大扰动后发电机转子的相对运动过程

在正常运行情况下，若原动机输入功率为 $P_T=P_0$（在图 5-1 中用横线表示），发电机的工作点为点 a，与此对应的功角为 δ_0（见图 5-1）。

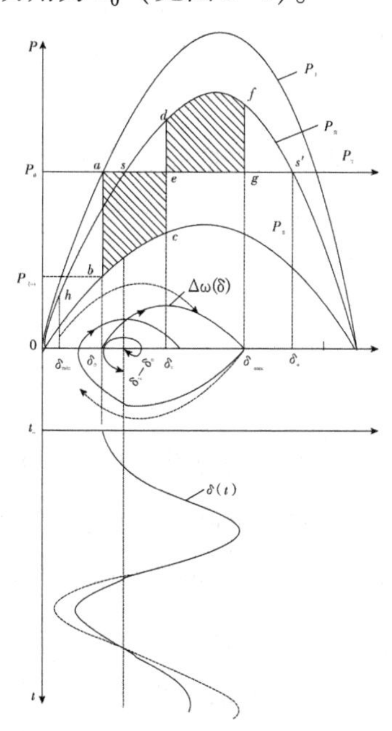

图 5-1　转子相对运动及等面积定则

注：P_{I}，P_{II}，P_{III} 分别为正常状态、故障状态、故障切除后状态对应的电磁功率 P_e

设大扰动（短路）发生瞬间，发电机的工作点转移到短路时的功率特性 P_{II} 上。由于转子具有惯性，功角不能突变，发电机的工作点由 P_{I} 上的点。转移到 P_{II} 上对应于 δ_0 的点 b（设 b 点对应的发电机输出的电磁功率值为 $P_{(0)}$）。假定原动机的功率 P_T 仍保持不变，于是两者之间出现了过剩功率 $\Delta P_{(0)}=P_T-P_e=P_0-P_{(0)}>0$，>O，显然它是加速性的。加速性的过剩功率使发电机获得加速，由于其相对速度 $\Delta\omega=\omega-\omega_N>0$，功角 δ 开始增大，发电机的工作点将沿着 P_{II} 由 b 向 c 移动。而在此过程中，随着 δ 的增大，发电机的电磁功率也在增大，过剩功率则逐步减小，但由于过剩功率始终是加速性的，所以 $\Delta\omega$ 不断增大（见图 5-1）。

假设在功角为 δ_c 时，切除故障线路。在切除故障瞬间，由于功角不能突变，发电机的工作点将由 P_{II} 上的 c 点转移到 P_{III} 上对应于 δ_c 的 d 点。此时，发电机的电磁功率大于原动机的功率，过剩功率 $\Delta P_u=P_T-P_e<0$，显然此时的过剩功率为减速性的。在此过剩功率的作用下，发电机转速开始降低，相对速度 $\Delta\omega$ 开始减小，但由于它仍大于零，因此功角仍然继续增大，工作点将沿 P_{III} 由 d 向 f 移动。发电机则因为一直受到减速作用而不断减速。如果到达点 f 时，发电机恢复到同步速度（即 $\Delta\omega=0$），则功角 δ 达到它的最大值 $\delta_{\max}$，虽然此时发电机恢复了同步，但由于尚未达到功率平衡，所以发电机不会在点 f 达到同步稳态运行，而会在减速性的不平衡转矩的作用下，转速继续下降而低于同步速度，相对速度改变符号（即 $\Delta\omega<0$），功角 δ 开始减小，于是发电机工作点将在 P_{III} 上由 f 点向 d，s 点变动。

如果不计算能量损失，工作点将沿 P_{III} 曲线在 f 点和 h 点之间来回变动，与此相对应，功角将在 $\delta_{\max}$ 和 $\delta_{\min}$ 之间变动（见图 5-1 虚线）。考虑到过程中的能量损失，振荡将逐渐衰减，最后在 s 点上稳定运行，也就是说，系统在上述大扰动下能保持暂态稳定。

二、等面积定则

如果不考虑振荡中的能量损耗，利用等面积定则可以在功角特性上确定最大摇摆角器 $\delta_{\max}$，从而判断系统稳定性。从前面的分析可知，发电机功角由 δ_0 变到 δ_c 的过程中，原动机输入的能量大于发电机输出的能量，发电机转速升高，多余的能量会转化为转子的动能而储存在转子中；而当功角由 δ_c 变到 $\delta_{\max}$ 时，原动机输入的能量小于发电机输出的能量，发电机转速降低，而正是由于转速降低释放的动能转化为电磁能补充了原动机和发电机的差额能量。转子由 δ_0 变动到 δ_c 时，过剩转矩所做的功如式（5-1）所示。

用标幺值计算时，因发电机转速偏离同步速度不大，$\omega\approx1$，因此有

$$W_a = \int_{\delta_0}^{\delta_c} \Delta M_a \mathrm{d}\delta = \int_{\delta_0}^{\delta_c} \frac{\Delta P_a}{\omega} \mathrm{d}\delta \tag{5-1}$$

$$W_a \approx \int_{\delta_0}^{\delta_c} \Delta P_a \mathrm{d}\delta = \int_{\delta_0}^{\delta_c} (P_T - P_{\mathrm{II}}) \mathrm{d}\delta \tag{5-2}$$

上式右边的积分表示 $P-\delta$ 平面上的面积，在图 5-1 中对应为阴影的面积 A_{abce} 。不计能量损失时，加速期间过剩转矩所做的功全部转化为转子动能。在标幺值计算中，面积 A_{abce} 可以认为是转子在加速过程中获得的动能增量，因此这个面积称为加速面积。当转子由 δ_c 变动到 $\delta_{\max}$ 时，转子动能增量为

$$W_b = \int_{\delta_c}^{\delta_{\max}} \Delta M_a \mathrm{d}\delta \approx \int_{\delta_c}^{\delta_{\max}} \Delta P_a \mathrm{d}\delta = \int_{\delta_c}^{\delta_{\max}} (P_T - P_{\mathrm{III}}) \mathrm{d}\delta \tag{5-3}$$

上式右边的积分在图 5-1 中对应为阴影的面积 A_{edfg} ，由于 $\Delta P_a<0$，该积分为负值（动能增量为负值），表示在此过程中转子储存的动能减小了（即转速下降了），面积 A_{edfg} 可以认为是转子在减速过程中对应的动能增量，这个面积称为减速面积。

显然，当满足

$$W_a + W_b = \int_{\delta_0}^{\delta_c} (P_T - P_{\mathrm{II}}) \mathrm{d}\delta + \int_{\delta_c}^{\delta_{\max}} (P_T - P_{\mathrm{III}}) \mathrm{d}\delta = 0 \tag{5-4}$$

动能增量为零，即短路后得到加速使其转速高于同步速度的发电机重新恢复同步。式（5-4）也可写为

$$|A_{\mathrm{abce}}| = |A_{\mathrm{edfg}}| \tag{5-5}$$

即加速面积和减速面积大小相等，这就是等面积定则。同理，根据等面积定则，可以确定摇摆的最小角度 $\delta_{\min}$ ，即

$$\int_{\delta_{\max}}^{\delta_c} (P_T - P_{\mathrm{II}}) \mathrm{d}\delta + \int_{\delta_c}^{\delta_{\min}} (P_T - P_{\mathrm{II}}) \mathrm{d}\delta = 0 \tag{5-6}$$

由图 5-1 可以看出，在给定的计算条件下，当切除角 δ_c 一定时，有一个最大可能的减速面积 $A_{dfs'e}$ ，通过比较该减速面积 $A_{dfs'e}$ 与加速面积 A_{abce} 的大小即可判断系统的暂态稳定性。如果该减速面积小于加速面积，发电机将失去同步。因为在这种情况下，当功角已增至临界角 δ_u 时，转子在加速过程中所获得的动能增量却未完全耗尽，发电机转速仍高于同步转速，而当功角继续增大至越过点 s' ，过剩功率又变为加速性的，会使发电机继续加速而失去同步。因此，可得保持暂态稳定的条件是最大可能的减速面积大于加速面积。

三、等面积定则的应用

（一）确定极限切除角

如图 5-1 所示，故障延续时间越长，故障切除时对应的切除角 δ_c 越大，而最大可能的减速面积越小。如果在某一切除角，最大可能的减速面积刚好等于加速面积，则系统处于稳定的极限情况，大于这个角度切除故障，系统将失去稳定。这个角度称为极限切除角 $\delta_{c\cdot\lim}$，应用等面积定则，可以方便地确定 $\delta_{c\cdot\lim}$，即

$$\int_{\delta_0}^{\delta_{c\cdot\lim}}(P_0 - P_{m\mathrm{II}}\sin\delta)\,\mathrm{d}\delta + \int_{\delta_{c\cdot\lim}}^{\delta_u}(P_0 - P_{v\mathrm{III}}\sin\delta)\,\mathrm{d}\delta = 0 \tag{5-7}$$

求出上式的积分并经整理后可得

$$\delta_{c\cdot\lim} = \arccos\frac{P_0(\delta_u - \delta_0) + P_{m\mathrm{III}}\cos\delta_u - P_{m\mathrm{II}}\cos\delta_0}{P_{m\mathrm{III}} - P_{m\mathrm{II}}} \tag{5-8}$$

式中　$P_{m\mathrm{II}}$ 和 $P_{m\mathrm{III}}$——分别为功角特性曲线 P_{II} 和 P_{III} 的幅值（最大值），所有角度均为弧度表示。

其中，临界角为

$$\delta_u = \pi - \arcsin\frac{P_0}{P_{m\mathrm{III}}}$$

当发电机端点三相短路时，$P_{\mathrm{II}}=0$，式（5-8）所示极限切除角为

$$\delta_{c\cdot\lim} = \arccos\frac{P_0(\delta_u - \delta_0) + P_{m\mathrm{III}}\cos\delta_u}{P_{m\mathrm{III}}} \tag{5-9}$$

当发电机端点三相短路并取不同的 $k=\dfrac{P_{m\mathrm{III}}}{P_{m\mathrm{I}}}$ 时，极限切除角 $\delta_{c\cdot\lim}$ 与初始稳态运行角 δ_0 的关系曲线如图 5-2 所示。可以看出初始稳态运行角越大，极限切除角越小；k 值越小，即故障后的 $P_{m\mathrm{III}}$ 越小，极限切除角也越小。

（二）三相或单相重合闸时暂态稳定的校验

图 5-3 表示重合闸过程的几种状态。电力系统故障多数是瞬时性故障（如线路对地的电弧闪络）。因此，切除故障线路后，经过一定的无电压间隔时间，如果故障消除，这时将线路重新投入，则可以恢复正常工作；如果故障没有消除，则重合不成功。重合闸可根据其切除和投入线路相线的数目分三相和单相，后者仅切除或投入故障相，这是因为电力

系统中大多数故障是单相的，只切除单相可以大大减小切除和重合过程中干扰的影响，它的作用相当于增大切除故障后的功率特性曲线，因而可以增加相应的减速面积，提高暂态稳定性。

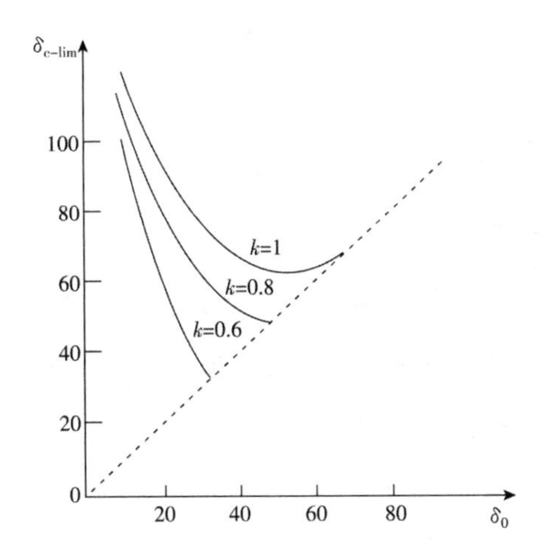

图 5-2　极限切除角与初始稳态运行角的关系曲线

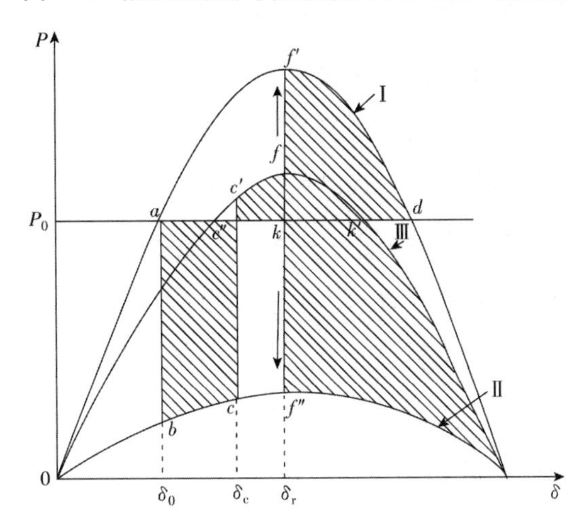

图 5-3　重合闸时的暂态稳定校验

如图 5-3 所示，故障切除后，系统运行状态由点 c 上升到点 c'，然后沿切除故障后特性曲线Ⅲ运动。如果在 f 点重合成功，则电力系统运行状态将由 f 点上升到 f' 点，并沿故障前正常运行时的特性曲线Ⅰ运动。因此，减速面积将由没有重合闸时的 $A(kc''c'f)+A(kfk')$ 增加到 $A(kc''c'f)+A(kf'd)$，从而提高系统的暂态稳定性。相反，如果重合闸失败，则系统运行点将由 f 点降到 f'' 点，等于在一次故障后未能恢复到原始运行方式时，又发生第二次故障，加速面积将向 kk' 方向发展，发电机转子进一步加速，系统将失去稳定。

第二节　复杂系统暂态稳定的时域响应及求解

一、电力系统各元件的数学模型

复杂电力系统暂态稳定研究应包括下列模型：①同步电机；②励磁系统；③机械转矩；④负荷；⑤网络。同时需根据研究目的、扰动强度、控制特性等合理选择模型的精度。如靠近扰动处的电力系统元件可用较精确的模型，远离扰动处可用较简单的模型，当然对于精确的模型还应考虑是否能得到所需参数。此外，当需要考虑故障后较长时间内的暂态过程时（如是否有不断增大的振荡，是否出现附加的和连锁性的扰动），还需增加下列模型：①继电保护；②较精确的负荷模型；③附加的控制系统模型。此外，电力系统的机电运动方程式是分析和研究电力系统暂态稳定性的重点，而发电机在暂态过程中的基本运动方程式是牛顿定理，即惯性×角加速度=净转矩，该方程通常是一个二阶微分方程，暂态稳定的研究中需要求解系统中每一个发电机的这个微分方程式。净转矩可看成是两个转矩——机械转矩和电磁转矩的合成，而其中每个转矩又有若干分量，可以用不同的模型来模拟这两个转矩。例如，在简单模型中，通常认为暂态过程中的机械转矩为常数，而电磁转矩按某一电抗后电势为恒定值来计算。在较复杂的模型中，需要考虑原动机-发动机的控制系统。根据派克公式，发电机可用一组微分方程来描述，对不同的励磁调节系统，需用不同的方程来模拟发电机的电磁转矩，同样地，不同的原动机配置和转速调节系统，模拟机械转矩的方程也不同。因此，根据所取模型的复杂程度，每一个发电机组可以用2~20个一阶微分和代数方程来表示。电力网络模型将各台发电机及负荷通过端点的电压和电流联系起来，同时计及负荷模型以及网络的电流—电压关系，这样就可以完整地描述电力系统的行为。综上，通常研究一个实际电力系统的暂态稳定时，一般需要求解数百到数千个微分方程和代数方程，其中很多又是非线性的，计算难度较大、耗时较长。因此，根据不同的研究任务，选取不同精度的模型，在达到研究目的的前提下尽可能节约计算的时间及费用，也是在暂态稳定计算中应该注意的问题。

二、电力系统暂态稳定性的计算条件

电力系统暂态稳定性是指电力系统在给定的系统运行方式下，受到特定的扰动后能恢复到原来的（或接近原来的）运行方式或达到新的稳态，保持同步运行的能力。因此，系统的暂态稳定特性及相应的暂态稳定极限与系统的运行方式及其受到的扰动密切相关。正因如此，在实际的电力系统设计和运行时，必须规定研究和分析电力系统暂态稳定性对应的具体条件，不同特点的电力系统，不同的安全性和经济性要求，得出的暂态稳定分析的结论甚至可能差别很大。例如，在电源密集、网络结构紧密的电力系统中，通常需要用较大的扰动（如三相短路）来校验暂态稳定性，这样得到的暂态稳定极限虽然较低，但却具有较强的故障承受能力，提高了电力系统运行的可靠性。而在一些电源不足、网络结构松散的电力系统中，可采用较小的扰动（如单相短路）来校验暂态稳定性，这将提高暂态稳定的极限功率，但是却降低了系统运行的可靠性。

下面我们将分别说明暂态稳定性研究中需要考虑的几类计算条件。

（一）故障类型

故障类型可根据电力系统发生扰动时的稳定性标准、故障出现的概率情况分别选取单相接地、三相短路、两相对地短路等类型。在电力系统设计和运行时，为了估计网络结构的强度，也可选择无故障断开线路。对不同的稳定要求，选择的故障类型不同。

1. 要求受到扰动后能保持稳定运行并能对负荷正常供电

对于这一类标准，可考虑下列各种故障形式。

（1）任一台发电机组（系统容量占比过大者除外）断开或失磁。

（2）系统中任一大负荷突然变化（如大负荷突然退出或受到冲击负荷）。

（3）核电厂输电线出口及已形成多回路网络结构的受端主干网发生三相短路不重合。

（4）主干线路各侧变电所同级电压的相邻线路发生单相永久性接地故障后重合不成功及无故障断开不重合（此时常引起负荷转移）。

（5）单回输电线在发生单相瞬时接地故障后重合成功。

（6）同级电压多回线和环网，在一回线发生单相永久接地故障后重合不成功及无故障断开不重合（考虑到对于水电厂的出线情况和切机措施在技术上的相对成熟，水电厂的直接送出线必要时可采用切机措施）。

2. 要求在扰动后保持稳定运行，但允许损失部分负荷

即可在自动或手动切除部分电源后相应地切除一部分用户负荷（如按电压降低或频率降低自动减负荷，或者自动断开或连锁切除集中负荷）。对于这一类标准，可考虑下列几种故障形式。

（1）占系统容量比重过大的发电机组断开或失磁。

（2）两个子系统间的单回联络线因故障断开或无故障断开，断开后各子系统分别保持稳定运行，而送端系统的频率升高不会引起发电机组过速保护的动作。

（3）同杆并架双回线的异名两相同时发生单相接地故障不重合，双回线同时断开。

（4）母线单相接地故障不重合。

（5）不同级电压的环网中，高一级电压线路发生单相永久性故障重合不成功，或无故障断开不重合（此时低压电网因过负荷将超过稳定极限）。

（6）单回线发生单相永久接地故障后重合闸成功，或无故障断开线路不重合。

在上述各种故障类型中并没有考虑最严重的三相短路，但实际运行资料的统计显示，因三相短路而引起的不稳定情况在总的稳定破坏事故中还是占有一定比例的。因此，对于这一类稳定标准，还应校核三相短路（不重合）时电力系统的暂态稳定情况（如果多相故障时实现三相重合闸，则还应校验重合于三相永久性短路故障时的稳定情况），并采取各种措施，防止电力系统失去稳定，甚至允许损失部分负荷。

各国的电力系统均根据自身情况，规定保证安全运行的最严重的故障类型以校验暂态稳定性。在一些工业电网联系紧密的发达国家和地区中，较多采用按升压变压器出线端三相短路并开断一条线路等较严重故障来校验暂态稳定。

（二）故障切除时间

暂态稳定计算应规定故障切除时间，故障切除时间应包括断路器断开和继电保护动作的时间，为了满足暂态稳定要求，可根据需要采用快速继电器和快速断路器，此外，要求所有较低一级电压线路及母线的故障切除时间，必须满足高一级电网稳定的要求。

（三）电力系统接线及运行方式

在电力系统暂态稳定分析中，应根据计算分析的目的，针对电力系统实际可能出现的不利情况，选择合适的接线和运行方式进行稳定性校验。

1. 正常运行方式

正常运行方式包括正常检修运行方式，以及按照负荷曲线和季节变化出现的最大或最小负荷、最小开机、水电大发、火电大发等实际可能出现的运行方式。例如：

（1）校验一台大机组失磁或跳闸，应选受端系统负荷为最大，以及某一线路与实际可能的机组检修情况。

（2）校核重要联络线、长距离输电线、发电厂出线发生故障时的暂态稳定性，应选择送端发电厂出力为最大时，电力系统负荷为实际可能的一系列方式，包括：受端负荷最大，受端电压最低，送端机组发出无功功率；受端负荷小，受端电压高，送端机组可能要吸收无功功率；等等。

（3）不同电压的环网原则上应解环运行，特别是送端电源不应构成不同电压的环网向受端系统供电，这是因为环网中低压线路的传输功率远小于高压线路，因而一旦高压线路突然断开，将使环网中的大量低压线路过负荷或者超出稳定极限。

2. 事故后运行方式

事故后运行方式是指从电力系统事故消除后到恢复正常运行方式前所出现的短期稳定运行方式。对于特别重要的主干线路，除了必须进行静态稳定性校验外，还应校验其暂态稳定性，例如：

（1）针对允许只按静态稳定储备送电的情况，如按事故后运行方式校验不能保持暂态稳定时，则应采取何种措施以避免大面积停电。

（2）两回并列运行的长距离输电线中，在一回故障跳闸使另一回线路功率增大的条件下，原有的稳定措施是否能保持稳定，是否采取措施限制在这段时间的输送功率，是否需要采取其他附加措施。

3. 严重的运行方式

一般情况下很少出现，通常是在最大运行方式时又遇到重要设备临时较长时间退出运行，例如设备检修，某大机组、主干线路的退出运行及某环网解环等。在对实际运行系统进行暂态稳定校验时应考虑这种方式，进行规划设计时也要注意校验。

在正常运行方式下，被检验的电力系统必须达到上述1. 的稳定性标准。对事故后运行方式和特殊运行方式，也应尽量争取有较高的稳定水平，防止系统性事故发生。

三、时域响应的求解

暂态稳定计算的初始条件是由电力系统稳态潮流计算的结果来确定的，然后根据暂态稳定的计算条件（如故障地点、故障类型、切除时间等）求解描述电力系统暂态过程的方程组。其中一组为用来描述网络运行行为的代数方程式组：

$$\left.\begin{array}{c} g_1(U_1, U_2, \cdots, U_n, x_1, x_2, \cdots, x_m) = 0 \\ \vdots \\ g_n(U_1, U_2, \cdots, U_n, x_1, x_2, \cdots, x_m) = 0 \end{array}\right\} \tag{5-10}$$

或者

$$G(U,\ x)=0 \tag{5-11}$$

另一组是用来描述发电机组及其控制回路动态行为的微分方程组，即

$$\left.\begin{aligned}\dot{x}_1&=f_1(U_1,\ U_2,\ \cdots,\ U_n,\ x_1,\ x_2,\ \cdots,\ x_m)\\&\ \vdots\\\dot{x}_m&=f_m(U_1,\ U_2,\ \cdots,\ U_n,\ x_1,\ x_2,\ \cdots,\ x_m)\end{aligned}\right\} \tag{5-12}$$

$$\dot{x}=F(U,\ x) \tag{5-13}$$

上述式子中的 U 为所有网络的状态变量，x 为所有发电机组及控制回路的状态变量。电力系统暂态稳定研究的数值计算就是联合求解上述两组方程式，得到随时间变化的变量 U 和 x。

式（5-10）（或式（5-11））的结构在某些时间（如故障开始、故障清除、线路操作等）要发生变化。在产生这种变化时，由于不考虑网络中的电磁变化，可以发生突变。所以要求对发生变化时刻的前后状态重复求解，使 U 得到突变时的不连续点。而 x 则由于惯性及时间常数不出现不连续点。

在计算中，U 和 x 在顺序的时间点（t_0，t_1，…，t_k）上进行计算，时间点的间隔为 Δt，采样率 $1/\Delta t$ 的大小取决于 U 和 x 变化频率的上限。Δt 越小，计算精度越高，但所需的计算时间会增加。因此，在选择 Δt 时需综合考虑计算精度和计算速度的要求。在计算过程中，由于舍入和截断误差，微分方程的数值解与正确解之间是有差别的。不断累计的误差有可能使数值解与正确解偏离，即所谓数值解的稳定性问题。

当由 t 时刻的变量推算 $t+\Delta t$ 时的运行状态时，常用的办法是使代数方程组和微分方程组交互迭代。可先用 $U(t)$（在 $t=0$ 时可用网络突变后潮流计算得到的初值）作为已知量代入微分方程组（式（5-12）或式（5-13））中，求解 $x(t+\Delta t)$，然后将 $x(t+\Delta t)$ 代入代数方程组（式（5-10）或式（5-11））中求出 $U(t+\Delta t)$。由这种微分方程组和代数方程组交替迭代求解的计算步骤可以看出，微分方程式和网络方程式彼此独立，因此可各自选择合适的求解方法。但是，不论在求解微分方程组或在求解代数方程组时，变量 U 及 x 均不是同一时刻求出的值，因此会带来误差。在步长 Δt 很小时，可以认为这种“交接”误差不大，因为两个相邻时间的变量差别不大，但在 Δt 增大时，这种“交接”误差会明显增大。为了克服这种“交接”误差，一般可采用以下两种办法：

1. 用迭代法进行交接。即在第一次求出 $U^{(1)}(t+\Delta t)$ 后，再一次求解微分方程组得到

第二次迭代的 $x^{(2)}(t+\Delta t)$，再回代到代数方程组中去求出 $U^{(2)}(t+\Delta t)$，这样重复迭代，直到收敛为止。

2. 将微分方程组化为 t 和 $t+\Delta t$ 的差分方程，然后将该差分方程与代数方程组联合求解。在这种情况下，$U(t+\Delta t)$ 和 $x(t+\Delta t)$ 是同时求出的，所以就没有“交接”误差。

如果用隐式梯形积分法，可将微分方程组式（5-12）写成下列的代数方程组：

$$x(t+\Delta t)-x(t)=\frac{1}{2}\Delta t[F(U(t),\ x(t))+F(U(t+\Delta t),\ x(t+\Delta t))] \quad (5-14)$$

将式（5-14）整理后可得

$$H=x(t+\Delta t)-\frac{1}{2}\Delta tF(U(t+\Delta t),\ x(t+\Delta t))+A=0 \quad (5-15)$$

式中，$A=-x(t)-\frac{1}{2}\Delta tF(U(t),\ x(t))$，是时间为 t 时各变量的函数，为已知量。

将式（5-15）与代数方程式

$$G(U(t+\Delta t),\ x(t+\Delta t))=0 \quad (5-16)$$

联合求解，即可同时求出各变量 $U(t+\Delta t)$，$x(t+\Delta t)$，从而消除“交接”误差。联合求解方法可选用牛顿法。

一般暂态稳定的计算程序是与电力系统潮流计算程序联用的，暂态稳定计算中的电力系统初始运行条件由潮流计算得到。

在进行暂态稳定计算前一般应做好下列准备。

（1）明确研究的目的和范围，确定在一个系统中的研究区域。

（2）进行电力系统运行条件的信息和数据准备，包括：①发电机出力、负荷水平及负荷分配；②网络结构及参数；③所有设备（发电机、断路器、继电器、变压器等）及其参数；④研究的内容，如故障类型、要满足的判据等。

（3）某些准备性的研究，例如，确定与所研究系统连接的合适的等值网络；进行必要的潮流计算，确定初始条件；在不对称故障时，应得到故障点的负序和零序网络。

（4）收集和编辑系统数据，例如，对于发电机需要的数据有惯性常数、各种电抗及时间常数、饱和数据等，还需要励磁系统和原动机调速系统的模型及常数等。

（5）根据程序要求的格式形成合适的数据表。

（6）进行一次试算，以校验数据及系统的正确性。

在选用程序时，首先要保证所选程序与已有计算机设备兼容，例如，语言版本、内存要求、输入/输出设备、可接受的数据格式等。此外，各种计算程序的处理数据、求解算法及输出格式等有所不同，研究人员应根据需要选用合适的程序。发电机模型，如全派克方程，简化模型（双轴、单轴、经典等），原动机模型，励磁机模型，负荷模型（恒定的阻抗、电流、视在功率以及专用模型），继电保护，提高稳定措施，最大可能处理的系统规模，如发电机、节点、线路数等，均会影响程序的性能。用户可根据这些程序的规格与性能选用适于自己需要的程序，如有些程序适合于研究 3s 以内的暂态稳定过程，有些程序适合于研究 10s 以内的暂态稳定过程。另外，关于计算结果的信息类型及其输出（或显示）也很重要，例如，发电机转子角、转速及机端量（电压）、线路潮流等结果一般是可以得到的，所有程序均能将结果以表格形式输出；大部分程序可以将其中一些信息以曲线形式输出，但各程序输出信息的数量及其精细程度会有所不同；有一些程序还可以将输出信息记录在缩微胶卷上。

第三节　暂态稳定分析的直接法

一、暂态能量函数法的描述

电力系统暂态稳定分析的时域求解法不能给出稳定度且计算速度较慢，所以人们一直在探索新的暂态稳定分析方法。从电力系统运行来看，也迫切希望找到一种能快速分析系统的暂态稳定度，并能对预想事故较早做出告警的安全分析方法。正因如此，不是从时域角度去看稳定问题，而是从系统能量角度去看稳定问题的暂态能量函数法，便很快得到了重视和迅速发展。

暂态能量函数法不计算整个系统的运动轨迹（即不需要进行积分计算）就可快速做出稳定判断，这个方法的概念来源于力学的稳定问题。力学中指出，对于一个自由（无外力作用）的动态系统，若系统的总能量 $V(V(X) > 0$，X 为系统状态量）随时间变化率恒为负，系统总能量会不断减少直至最终达到一个最小值（平衡状态），则此系统是稳定的。人们习惯用一个简单的滚球的例子来说明直接法的原理。如图 5-4 所示的滚球系统，设小球质量为 m，在系统无扰动时，球位于稳定平衡点 A 处。设小球在扰动结束时位于 C 处，此时小球高度为 h（以 A 点为参考点），并具有速度 v_0，则此时该小球总能量 V 为动能 $\frac{1}{2}mv_0^2$ 及势能 mgh 之和，即

$$V = \frac{1}{2}mv_0{}^2 + mgh > 0 \tag{5-17}$$

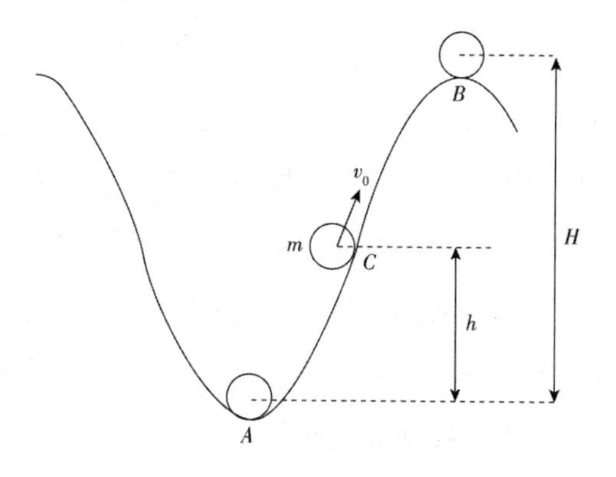

图 5-4　滚球系统稳定原理

考虑小球与容器壁因为摩擦而使受到扰动后的系统能量逐步减少，设小球所在容器的壁高为 H（以 A 点为参考点），当小球位于壁沿 B 处且速度为零时，显然此位置为不稳定平衡点，系统相应的势能为 mgH，亦即系统的临界能量 V_{cr}，即

$$V_{cr} = mgH \tag{5-18}$$

忽略容器壁摩擦，在扰动结束时若小球总能量 V 小于临界能量 V_{cr}，则小球将在摩擦力作用下，能量逐步减少，最终静止于 A 处；若 $V> V_{cr}$，则小球最终将滚出容器而失去稳定；若 $V= V_{cr}$，则为系统暂态稳定的临界状态。由此可见，在此方法中，可根据 $V_{cr}-V$ 就能简单快速地直接判别系统的稳定性。

将这个方法用于电力系统暂态稳定性的研究中，具体来讲，就是针对描述电力系统动态过程的微分方程的稳定平衡点，建立某种形式的李雅普诺夫函数（V 函数），并以系统运动过程中一个不稳定平衡点的 V 函数值（一般有多个不稳定平衡点）作为衡量该稳定平衡点附近稳定域大小的指标。这样，在进行电力系统动态过程计算时，就不需要求出整个动态过程随时间变化的规律，而只是计算出系统最后一次操作时的状态变量（即故障切除后的变量），并相应计算出该时刻的 V 函数。将这一函数值与选定的不稳定平衡点的 V 函数值比较，如果前者小于后者，则系统是稳定的；反之，则系统是不稳定的。这种判别稳定的方法称为暂态能量函数（Transient Energy Function，TEF）法，这个方法从能量的观点来判别稳定性，而不是根据系统运动的轨迹来判别稳定性——避免了大量的数值计算，因此是一种可快速判断稳定性的分析方法。

几十年前，人们就开始将直接法用于电力系统暂态稳定分析的研究，随着计算机技术的快速发展和广泛应用，该方法得到了更多的应用。用直接法分析电力系统稳定性时，其优越性主要表现在：①能计及非线性，可用于较大系统；②能快速判断电力系统的稳定性，在故障切除时，就能判断出系统是否稳定，不需要计算故障切除后描述电力系统动态过程的微分方程组；③对于某一种故障，能直接估计其极限故障切除时间；④在某一故障切除后，电力系统若不稳定，则可以预先指出其不稳定的模式和不稳定的程度。因此，直接法可针对预想事故依据稳定度对事故严重性排序，以实现动态安全分析或做离线分析严重事故的“筛选”工具。但直接法也有缺点，例如，因为直接法的稳定准则是充分条件，而不是必要条件，因此分析结果容易偏于保守。此外，直接法的模型较简单，对于一个很大的系统，或是一个系统在受到一系列的连续扰动（如重合闸过程）时，直接法的速度、精度较差，故目前仅用于判别第一摇摆稳定性。

综合时域求解法和直接法的特点，可以将二者结合用于暂态稳定判断和分析，例如在离线分析时，可以先用直接法作第一次的“筛选”工具，在简单模型下选出稳定度最差的事故，再用时域求解法做进一步精细的暂态稳定分析，从而可大大节省人力和时间。而在在线安全分析中，直接法可以使目前的静态安全分析发展为动态安全分析，即计及系统暂态稳定的安全分析，从而有利于系统的安全运行，二者相辅相成有利于更好地进行暂态稳定研究。

二、单机无穷大系统的直接法分析

对于图 5-5（a）的单机无穷大系统，若发电机采用经典二阶模型，忽略励磁系统动态、原动机及调速器动态，则系统标幺值数学模型为

$$\begin{cases} T_J \dfrac{\mathrm{d}\omega}{\mathrm{d}t} = P_{\mathrm{m}} - P_{\mathrm{e}} \\ \dfrac{\mathrm{d}\delta}{\mathrm{d}t} = \omega \end{cases} \tag{5-19}$$

式中　T_J——为发电机惯性时间常数；

$P_{\mathrm{m}} = \mathrm{const}$——为机械功率；

$P_{\mathrm{e}} = \dfrac{EU}{X_{\Sigma}}\sin\delta$——为电磁功率；

X_{Σ}——为发电机内电势 $E\angle\delta$ 及无穷大系统电压 $U\angle 0^{\circ}$ 间的系统总电抗（设电阻为零）；

E 和 U——为常数。

设图 5-5（b）中系统在稳态时 $\delta = \delta_0$，功角特性曲线为Ⅰ；在 $t=0$ 时，线路上受到故

障扰动，功角特性变为Ⅱ，此时发电机加速，转子角 δ 增加，直到 $\delta = \delta_c$ 时，切除故障线路，功角特性变为Ⅲ。

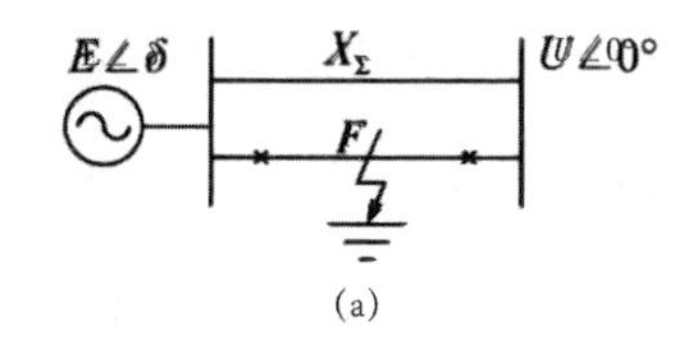

(a)

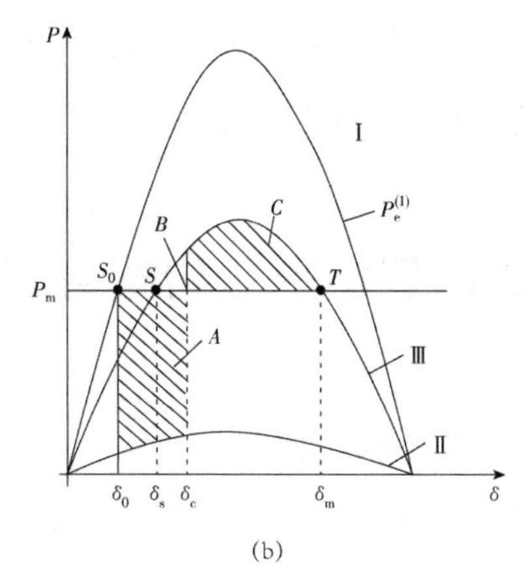

(b)

图 5-5　单机无穷大系统直接法分析

现在用直接法判别故障切除后系统的第一摇摆稳定性。

首先，对故障切除后的系统，稳定平衡点为 S（对应 δ_s）和不稳定平衡点为 T（对应 δ_u）均满足电磁功率平衡，即 $P_e = P_m$。

其次，定义系统的暂态能量函数。设系统动能 V_k 为（注意 ω 为与同步速之偏差，故稳态时 $V_k = 0$）

$$V_k = \frac{1}{2} T_{j\omega^2} \tag{5-20}$$

将式（5-19）加速方程的两边对 δ 积分而求得故障切除时的动能，即

$$V_k|_c = \frac{1}{2} T_J \omega_c^2 = \int_{\delta_0}^{\delta_c} T_j \frac{\mathrm{d}\omega}{\mathrm{d}t} \mathrm{d}\delta = \int_{\delta_0}^{\delta_c} (P_m - P_e^{(2)})\, \mathrm{d}\delta = \text{加速面积 A} \tag{5-21}$$

设系统的势能 V_p 为以故障切除后系统稳定平衡点 S 为参考点的减速面积（反映系统吸收动能的性能），则故障切除时的系统势能为

$$V_p|_c = \int_{\delta_s}^{\delta_c} (P_e^{(3)} - P_m)\, \mathrm{d}\delta = \text{面积 B} \tag{5-22}$$

故系统在扰动结束时总暂态能量 V 为

$$V_c = V_k|_c + V_p|_c = \frac{1}{2} T_{j\omega_c^2} + \int_{\delta_s}^{\delta_c} (P_e^{(3)} - P_m)\, \mathrm{d}\delta = \text{面积(A + B)} \tag{5-23}$$

若将系统处于不稳定平衡点 T（转子角 δ_u）时，系统以 S 点为参考点的势能作为临界能量 V_{cr}（此值相当于滚球系统的 $V_{cr}=mgH$），则

$$V_{cr}=\int_{\delta_s}^{\delta_\mu}(P_e^{(3)}-P_m)\,d\delta=\text{面积}(B+C) \tag{5-24}$$

类似于滚球系统，做出稳定判别：当 $V_c<V_{cr}$，即图 5-5（b）中面积（$A+B$）<面积（$B+C$），或者说面积 A<面积 C 时，系统第一摇摆稳定；当 $V_c>V_{cr}$ 时，系统不稳定；当 $V_c=V_{cr}$ 时，系统为临界状态。假定系统有足够的阻尼，若第一摇摆稳定，则以后衰减振荡逐渐趋于 S 点。显然这和等面积定则完全一致，是一个准确的稳定判据。

第四节　自动调节系统对功角暂态稳定的影响

随着现代电力系统中自动调节设备的增加，自动调节系统对电力系统中功角暂态稳定的影响也逐渐突显，成为关注的热点之一。

一、自动励磁调节系统的影响

发电机励磁控制对于暂态稳定性有着重要的影响。由于励磁控制的经济性好，对于改善系统的暂态稳定和防止电压不稳都有重要作用，所以在提高系统暂态稳定的各种方法中常常优先选用。

影响励磁调节系统对暂态稳定的作用的因素较多，除了励磁控制系统本身的特性、参数以外，其他诸如故障类型、系统自身阻尼的强弱、短路切除时间、故障后发电机端电压的变化及功角特性的改变等因素均会影响励磁控制的作用。按照励磁调节系统在暂态过程中作用的不同，可以分成五个阶段，如图 5-6 所示。

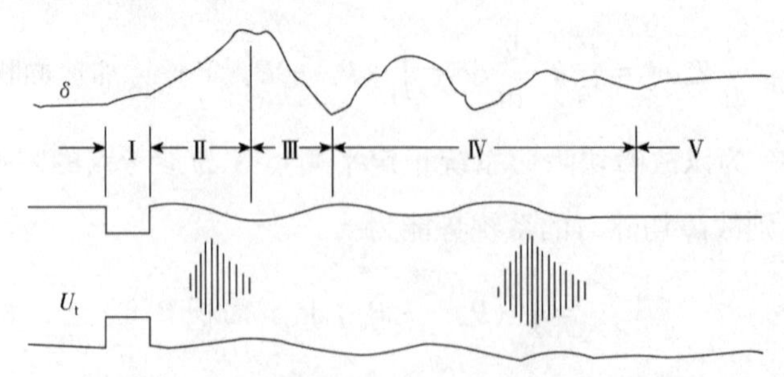

图 5-6　暂态过程中励磁控制的五个阶段

（一）第Ⅰ阶段——短路发生到短路切除

该过程中电压调节器的输出会增大，励磁电压随之升高，增大的程度受短路点的远近及电压调节器的暂态增益的影响。当出现近端三相短路或远端短路，但电压调节器增益较大时（例如大于200），对于用晶闸管供电的励磁系统，励磁电压在1—2周即可升到顶值，旋转励磁系统则在经过励磁机时间常数的时延后，励磁电压会逐渐升高。励磁电压升高后，再经过发电机转子绕组的时间常数的时延，发电机励磁电流及与其成正比的制动转矩才会逐渐增大，从而起到改善暂态稳定的作用。以短路切除时间为0.1s为例，常规的交流励磁机系统，其强励倍数一般为1.8（顶值电压倍数为4左右），电压调节器使得电动势E_q的增长量只占无调节器时的0.227%，即便是性能相当好的他励晶闸管系统（强励倍数为1.8），上述比例也只有2.84%。所以在这个阶段内，励磁电流很难得到明显的增长。不但如此，如果是近端三相短路，发电机输出功率（相当于制动功率）接近于零（因为发电机与系统之间的等值阻抗为无穷大），上述励磁电流的微小增长对于减小驱动与制动转矩的不平衡影响甚小。虽然当短路切除时，微小增长的励磁电流对应稍高的定子电压，但其影响仍然是很小的。

（二）第Ⅱ阶段——短路切除到转子摆到最大角度

这个阶段里转子角度会不断增大（因为驱动转矩大于制动转矩），强行励磁可以增大制动转矩（也就是同步转矩），同时强励的作用也大为增强（因为系统与发电机间的等值阻抗减小很多）。强励应该维持到转子达到最大角度，但是常规的电压调节器往往无法实现，此时有可能出现励磁控制对减小第一摆暂态稳定起效和不起效两种情况。当短路时间较长或输送功率较大（甚至临近暂稳极限）时，短路切除后发电机电压低于额定电压。如果此时调节器暂态增益足够大，则强励会持续作用到电压升高至额定电压。多数情况下，发电机电压在短路切除时已非常接近额定电压，因此电压会在短时间内升到额定值，届时强励也即退出。另外也有一种可能，因为电压增益不够大，在电压恢复到额定值以后，由于角度的加大，电压又再次下降到额定值以下，此时电压调节器再次投入，但只要在功角达到最大值以前，强励的作用都有助于减小第一摆的摆幅。综上，此种情况下励磁控制对于提高第一摆暂态稳定是有效果的，而高倍的强励倍数及电压增益、快速的响应或是较小的时间常数都为有效发挥强励作用提供了保证。还有一种情况是，如果强励倍数很高，短路切除也非常快（如小于0.07s），则短路切除时的电压可能比额定电压高。这时励磁控制的作用是减磁，对暂态稳定来说，此时的励磁控制基本没有起到减小第一摆的作用。

（三）第Ⅲ阶段——转子从最大角度回摆至最小角度

在功角最大处后，转子角度减小（制动转矩大于驱动转矩），这时励磁控制应使励磁电流及制动转矩减小（亦即提供负的同步转矩），因此最好是强行减磁，励磁电压为负值。同时也要避免由于励磁持续作用造成的第二摆（或后续摆动中）失去同步（过分制动造成的反向摆幅大）。

（四）Ⅳ阶段——转子进入衰减振荡的过程

在前面三个阶段内，励磁控制的主要作用是提供与角度成正比的同步转矩，提高电动势以增加第一摆的减速面积，防止发电机在第一摆中失去同步，这对维持稳定性非常重要，但可能会引入负阻尼。因此，当发电机挺过第一摆后，转子进入衰减振荡阶段，励磁控制的目标变为提供足够的阻尼以平息振荡。由于负阻尼引起的失步要经过数个振荡周期，所以在这个阶段，只要正阻尼转矩足够大，就可以抵消前面三个阶段产生的负阻尼，让转子摆动逐渐衰减，因此这个阶段非常重要。

（五）第Ⅴ阶段——进入事故后静稳定状态

较高的静态稳定功率及功角极限是系统能顺利过渡到另一个稳定运行状态的必要条件。因此，在此阶段里，励磁控制应与稳定器配合，并采用较大的增益。同时应注意事故后的稳定状态不一定适合长期运行。不过此阶段或过渡过程有助于为调度人员争取足够的时间去调整负荷及线路潮流，以恢复适合长期运行的正常运行状态。

二、考虑励磁调节作用的暂态稳定分析

本文讨论高速励磁控制和暂态稳定励磁控制两种励磁控制方式下的暂态稳定情况。

（一）高速励磁控制

暂态扰动时，发电机磁场电压的增加将使发电机内电势增加，进而增加同步功率，因此，通过快速地暂时增加发电机励磁，暂态稳定性可以得到较大提高。在输电系统故障并通过隔离故障元件而将故障清除的暂态扰动中，发电机的端电压很低。自动电压调节器通过增加发电机磁场电压对此做出响应，这对暂态稳定会产生有利的影响。此类控制的有效

性取决于励磁系统快速将磁场电压增加到可能的最高值的能力，在这方面，具有高顶值电压的高起始响应励磁系统最为有效。然而，顶值电压受发电机转子绝缘方面的限制。

为改善暂态稳定性，要求励磁系统对端电压变化做出快速响应，但这种快速响应常常会减弱地区电厂振荡模式的阻尼。通常作为电力系统稳定器（PSS）的附加励磁控制，为阻尼系统振荡提供了一个方便的手段，它使高起始响应的励磁系统的应用成为可能。采用附加 PSS 的高起始响应的励磁系统是增强全系统稳定的最有效和最经济的方法。

励磁系统响应对暂态稳定的影响可由图 5-7 来解释。图中比较了具有两种不同形式励磁系统的矿物燃料电厂的响应：①具有二极管整流器的交流励磁机，响应比为 2.0；②具有 PSS 的母线馈电式晶闸管励磁机。设定的扰动为靠近发电厂的主要输电线上的三相故障，并在 60ms 内切除。具有旋转励磁机的系统是不稳定的，而具有高起始响应的晶闸管励磁机的系统是稳定的。

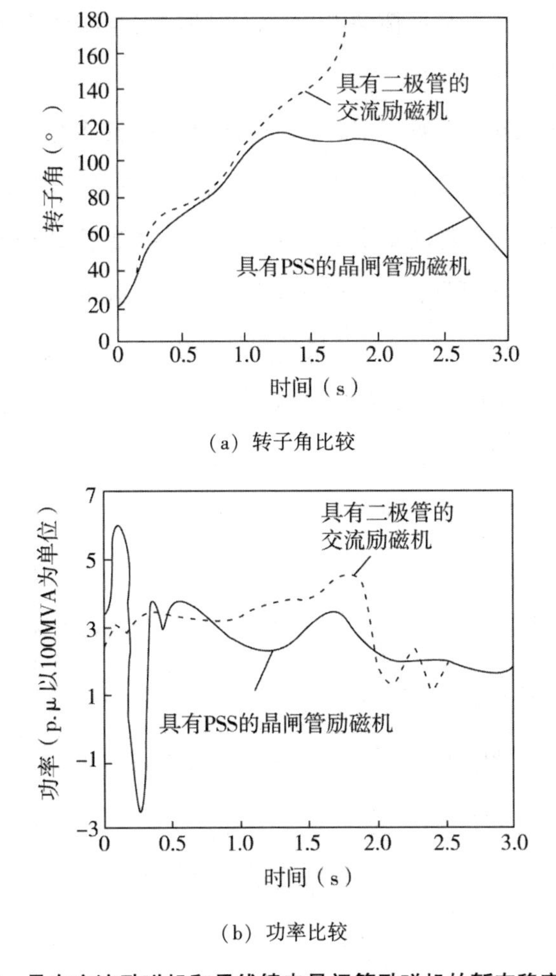

（a）转子角比较

（b）功率比较

图 5-7　具有交流励磁机和母线馈电晶闸管励磁机的暂态稳定性比较

（二）暂态稳定励磁控制

适当地应用电力系统稳定器对本地和区域间的振荡模式均可提供阻尼。在暂态条件下，稳定器一般对首摆稳定性起积极的作用。然而，在本地和区域间的摇摆模式均存在时，正常的稳定器响应可允许励磁在第一次本地模式的摇摆峰值过后，但在最高的综合摇摆峰值到达之前减少。通过将励磁保持在顶值，并使端电压在约束范围内，直至摇摆达到最高点为止，由此可使暂态稳定性得到更多的提高。暂态稳定励磁控制（Transient Stability Excitation Control，TSEC）的方案可以实现上述功能。该方案通过控制发电机励磁，使端电压在整个转子角正向摇摆期，从而改善了暂态稳定性。该方案除了应用端电压和转子速度信号外，还用了与发电机转子角的变化成正比的信号。然而，角度信号的应用仅限于严重扰动后大约 2s 内的暂态过程中，因为如果连续应用，则会造成不稳定振荡。角度信号可防止磁场电压过早反向，从而使端电压在转子角的正向摇摆期维持高水平。过高的端电压由端电压限制器来防止。

当发电机组呈现区域间的低频摇摆时，不连续励磁控制是改善其暂态稳定性的较为有效的方法。当在某一区域的几个发电厂中采用 TSEC 时，该全区的系统电压水平都提高了，这使区内与电压相关的负荷消耗功率增加，从而进一步提高了暂态稳定性。

由图 5-7 的转子角曲线可见，该厂的发电机呈现出以区域间低频摇摆为主的振荡。图 5-8 显示了有无 TSEC 时的发电机响应。很显然，TSEC 大大地改善了系统的暂态稳定性。图 5-9 显示了有无 TSEC 时长时间的系统模拟。可以看出，对于这种特殊应用，不连续的励磁控制与快速操作阀门同样有效。

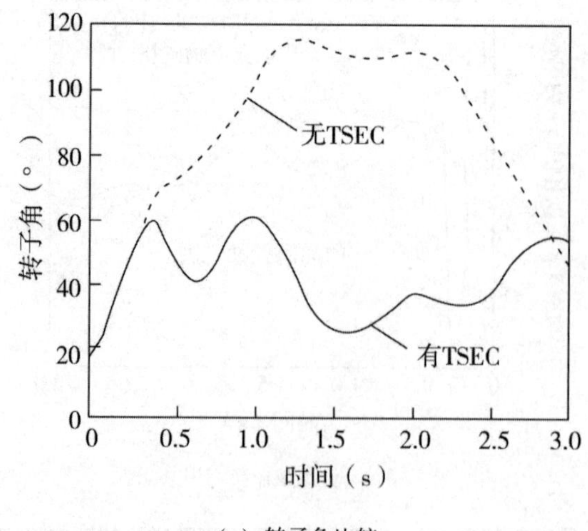

（a）转子角比较

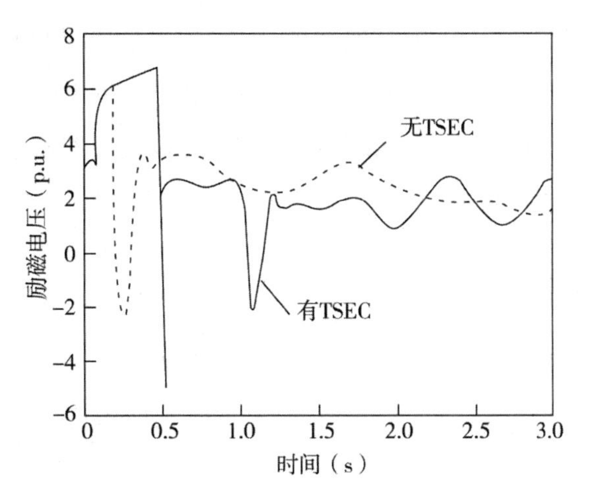

（b）励磁电压比较

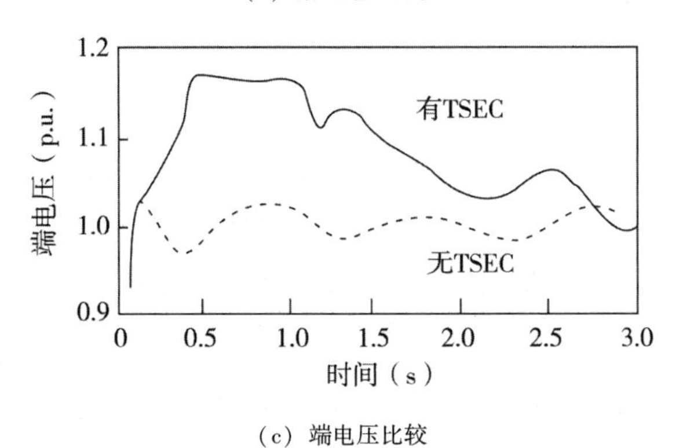

（c）端电压比较

图 5-8　有无 TSEC 对暂态稳定的影响

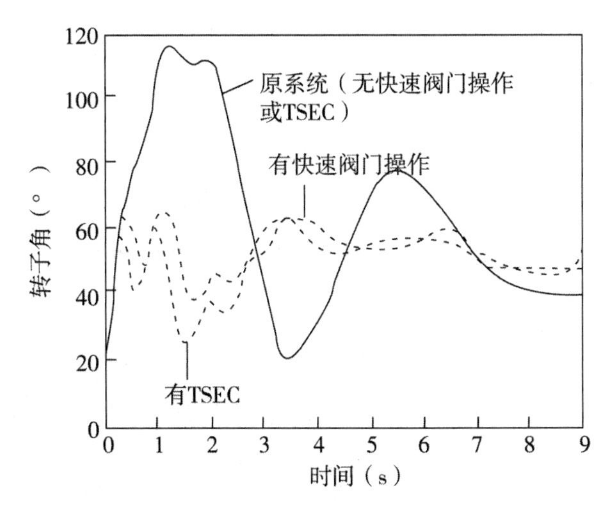

图 5-9　TSEC 和快速操作阀门

与提高系统稳定性的其他方法相比，例如与快速操作阀门和切机相比，暂态稳定励磁控制（TSEC）仅在汽轮发电机轴和蒸汽供给系统上施加了很小的负载。这种励磁控制方案必须与其他过电压保护和控制功能进行协调，也必须与变压器的差动保护进行协调，以确保差动保护不会因电压水平的提高而造成励磁电流的增加而动作。上述用于暂时增加励磁的不连续控制，利用就地信号以检测严重的系统扰动状况。某些应用中，可能需要利用远方遥测信号启动暂时增加励磁。

三、自动调速系统的作用

调速器的基本概念可由图 5-10 所示的单台发电机供电给一个当地负荷来说明。

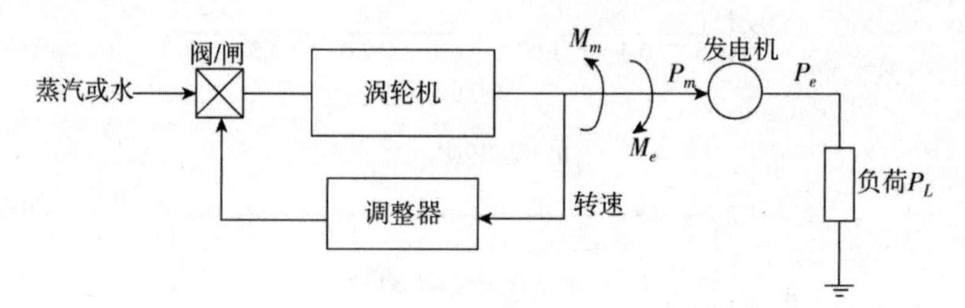

M_m —机械转矩；M_e —电磁转矩；P_m —机械功率；

P_e —电磁功率；P_L —负荷功率

图 5-10　给单独负荷供电的发电机

当负荷变化时，它立即反映到发电机输出的电磁转矩 M_e 的变化上，这引起机械转矩 M_m 和电磁转矩 M_e 的不匹配，反过来导致运动方程中所确定的速度变化。图 5-11 所示的传递函数表示了电磁转矩和机械转矩与转子速度函数之间的关系。

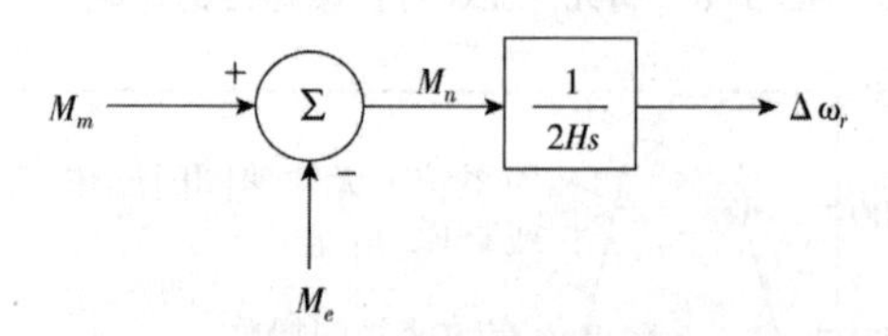

图 5-11　速度与转矩关系的传递函数

对于负荷—频率的研究，最好用机械和电磁功率替代转矩来表示上述的关系。功率 P 和转矩 M 之间的关系为

$$P = \omega, \ M \tag{5-25}$$

考虑到从初始值（下标 0 表示）的微小偏差（用前缀 Δ 表示），可写出

$$P = P_0 + \Delta P$$

$$M = M_0 + \Delta M \tag{5-26}$$

$$\omega_r = \omega_0 + \Delta\omega_r$$

由式（5-26），得

$$P_0 + \Delta P = (\omega_0 + \Delta\omega_r)(M_0 + \Delta M) \tag{5-27}$$

忽略高阶项，扰动值之间的关系式为

$$\Delta P = \omega_0 \Delta M + M_0 \Delta\omega_r \tag{5-28}$$

因而有

$$\Delta P_m - \Delta P_e = \omega_0(\Delta M_m - \Delta M_e) + (M_{m0} - M_{e0})\Delta\omega_r \tag{5-29}$$

由于在稳态时电磁转矩和机械转矩相等（$M_{m0} = M_{e0}$），当转速用标幺值表示时，$\omega_0 = 1$，因此，图 5-12 可用 ΔP_m 和 ΔP_e 表示如下：

$$\Delta P_m - \Delta P_e = \Delta M_m - \Delta M_e \tag{5-30}$$

在我们所关心的速度变化范围内，汽轮机械功率基本上是阀门位置的函数，并独立于频率。

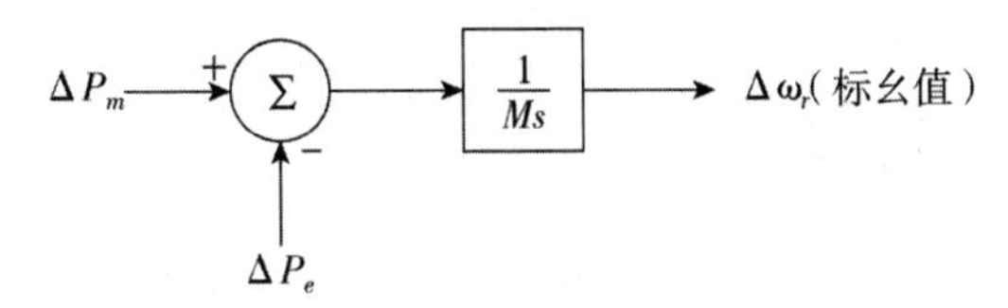

图 5-12　速度和功率关系的传递函数

第六章 电力系统防护技术

第一节 电气作业一般安全措施

一、保证安全的组织措施

电气工作人员和电气运行人员都必须遵守以下制度，认真执行，以保证人身安全和电气系统及设备的安全运行。

（一）工作票制度

所谓工作票制度，是指在电气设备上进行任何电气作业，都必须填用工作票，并依据工作票布置安全措施和办理开工、终结手续。

1. 执行工作票制度的方式

电气设备上工作，应填用工作票或按命令执行，其方式有下列三种。

（1）填用第一种工作票；

（2）填用第二种工作票；

（3）口头或电话命令。

2. 工作票的作用

工作票是准许在电气设备或线路上工作的书面命令，也是明确安全职责、向工作人员进行安全交底、履行工作许可手续、工作间断、工作转移和终结手续、实施安全技术措施的书面依据。因此，在电气设备或线路上工作时，应根据工作性质和工作范围的不同，认真填用工作票。

3. 工作票的种类及适用范围

（1）工作票的种类

工作票有第一种工作票和第二种工作票两种。

（2）工作票的适用范围

第一种工作票的适用范围为：

①在高压电气设备（包括线路）上工作，需要全部停电或部分停电；

②在高压室内的二次接线和照明回路上工作，需要将高压设备停电或做安全措施。

第二种工作票的适用范围为：

①带电作业和在带电设备外壳上工作；

②在控制盘、低压配电盘、低压配电箱、低压电源干线上工作；

③在二次接线回路上工作，无须将高压设备停电；

④在转动中的发电机、同期调相机的励磁回路或高压电动机转子电阻回路上工作；

⑤非当班值班人员用绝缘棒和电压互感器定相或用钳形电流表测量高压回路的电流。

对于无须填用工作票的工作，可以通过口头或电话命令的形式向有关人员进行布置和联系。如注油、取油样、测接地电阻、悬挂警告牌、电气值班员按现场规程规定所进行的工作、电气检修人员在低压电动机和照明回路上工作等，均可根据口头或电话命令执行，对于口头或电话命令的工作，在没得到有关人员的命令，也没有向当班值班人员联系，擅自进行工作，这是违反电业安全工作规程的。

口头或电话命令，必须清楚正确，值班人员应将发令人、负责人及工作任务详细记入操作记录表中，并向发令人复诵核对一遍，对重要的口头或电话命令，双方应进行录音。

4. 工作票的正确填写与签发

（1）工作票的正确填写

工作票由签发人填写，也可以由工作负责人填写。工作票要使用钢笔或圆珠笔填写，一式两份，填写应正确清楚，不得任意涂改，如有个别错、漏字需要修改时，允许在错、漏处将两份工作票作同样修改，字迹应清楚，否则，会使工作票内容混乱模糊，失去严肃性，并可能引起不应有的事故。填写工作票时，应查阅一次电气系统图，了解系统的运行方式，对照系统图，填写工作地点及工作内容，填写安全措施和注意事项。

下列情况可以只填写一张工作票。

①工作票上所列的工作地点，以一个电气连接部分为限的可填写一张工作票。所谓一个电气连接部分，是指配电装置中的一个电气单元，它通过隔离开关与其他电气部分截然分开。该部分无论引申到发电厂、变电站的其他什么地方，均为一个电气连接部分。一个电气连接部分由连接在同一电气回路中的多个电气元件组成，它是连接在同一电气回路中

所有设备的总称。

②若一个电气连接部分或一个配电装置全部停电，则所有不同地点的工作，可以填写一张工作票，但要详细说明主要工作内容。几个班同时进行工作时，在工作票工作负责人栏内填写总负责人的名字，在工作班成员栏内只填写各班的负责人，不必填写全部工作人员的名单。

③若检修设备属于同一电压、位于同一楼层、同时停送电，且工作人员不会触及带电导体时，则允许在几个电气连接部分共用一张工作票。开工前应将工作票内的全部安全措施一次做完。

④如果一台主变压器停电检修，其各侧断路器也一起检修，能同时停送电，虽然其不属于同一电压，为简化安全措施，也可共用一张工作票。开工前应将工作票内的全部安全措施一次做完。

⑤在几个电气连接部分上依次进行不停电的同一类型工作（如对各设备依次进行仪表校验），可填写一张第二种工作票。

⑥对于电力线路上的工作，一条线路或同杆架设且同时停送电的几条线路填写一张第一种工作票；对同一电压等级、同类型工作，可在数条线路上共用一张第二种工作票。

当设备在运行中发生了故障或严重缺陷需要进行紧急事故抢修时，可不使用工作票，但应同样认真履行许可手续和做好安全措施。设备若转入正常事故检修，则仍应按要求填写工作票。

（2）工作票的签发

工作票应由工作票签发人签发。工作票签发人应由车间、工区（变电站）熟悉人员技术水平、熟悉设备情况、熟悉电业安全工作规程的生产领导人、技术人员或经主管生产领导批准的人员担任。工作票签发人员名单应书面公布。工作票负责人和工作许可人（值班员）应由车间或工区主管生产的领导书面批准。

5. 工作票的使用

经签发人签发的一式两份的工作票，一份必须经常保存在工作地点，由工作负责人收执，以作为进行工作的依据；另一份由运行值班人员收执，按值班时间移交。在无人值班的设备上工作时，第二份工作票由工作许可人收执。

第一种工作票应在工作的前一天交给值班员；若变电站距工区较远或因故更换新工作票，不能在工作前一天将工作票送到，工作票签发人可根据自己填写好的工作票用电话全文传达给变电站值班员，传达必须清楚，值班员应根据传达做好记录，并复诵核对。若电话联系有困难，也可在进行工作的当天预先将工作票交给值班员；临时工作可在工作开始以前直接交给值班员。

第二种工作票应在进行工作的当天预先交给值班员。

第一、二种工作票的有效时间，以批准的检修期为限。第一种工作票至预定时间，工作尚未完成，应由工作负责人办理延期手续（延期一次）。延期手续应由工作负责人向值班负责人申请办理，主要设备检修延期要通过值长办理。第二种工作票不办理延期手续，到期尚未完成工作应重新办理工作票。工作票有破损不能继续使用时，应按原票补填签发新的工作票。

需要变更工作班中的成员时，必须经工作负责人同意。需要变更工作负责人时，应由工作票签发人将变动情况记录在工作票上。若扩大工作任务，必须由工作负责人通过工作许可人，并在工作票上增添工作项目。若必须变更或增设安全措施者，应填用新的工作票，并重新履行工作许可手续。

工作班的工作负责人，在同一时间内，只能接受一项工作任务，接受一张工作票。其目的是工作负责人在同一时间内只接受一个工作任务，避免造成接受多个工作任务，使工作负责人将工作任务、地点、时间弄混乱而引起事故。

几个工作班同时工作时，且共用一张工作票，则工作票由总负责人收执。

6. 工作票中有关人员的安全责任

（1）工作票签发人

负责审查该项工作的必要性；工作是否安全；工作票上所填安全措施是否正确完备；所派工作负责人和工作班人员是否适当和足够；精神状态是否良好。

（2）工作负责人（监护人）

根据工作任务正确安全地组织工作：结合实际进行安全思想教育；督促、监护工作人员遵守电业安全工作规程；负责检查工作票所列安全措施是否正确、完备；负责检查值班员所做的安全措施是否符合现场实际条件；工作前对工作人员交代安全注意事项；检查工作班人员有无变动和变动是否合适。

（3）工作许可人

负责审查工作票所列安全措施是否正确、完备，是否符合现场条件；工作现场布置的安全措施是否完善；负责检查停电设备有无突然来电的危险；仔细检查工作票所列内容，如有疑问，必须向工作票签发人询问清楚，必要时应要求做详细补充。

（4）值长

负责审查工作的必要性和检修工期是否与批准期限相符，工作票所列安全措施是否正确、完备。

（二）工作许可制度

工作许可制度是指凡在电气设备上进行停电或不停电的工作，事先都必须得到工作许可人的许可，并履行许可手续后方可工作的制度。未经许可人许可，一律不准擅自进行工作。

1. 发电厂、变电站的工作许可制度

工作许可应完成下述工作。

（1）审查工作票

工作许可人对工作负责人送来的工作票应进行认真、细致的全面审查，审查工作票所列安全措施是否正确、完备，是否符合现场条件。若对工作票中所列内容即使只有细小疑问，也必须向工作票签发人询问清楚，必要时应要求做详细补充或重新填写。

（2）布置安全措施

工作许可人审查工作票后，确认工作票合格，然后由工作许可人根据票面所列安全措施到现场逐一布置，并确认安全措施布置无误。

（3）检查安全措施

安全措施布置完毕，工作许可人应会同工作负责人，到工作现场检查所做的安全措施是否完备、可靠，工作许可人并以手触试，证明检修设备确实无电压，然后，工作许可人对工作负责人指明带电设备的位置和注意事项。

（4）签发许可工作

工作许可人会同工作负责人检查工作现场安全措施，双方确认无问题后，双方分别在工作票上签名，至此，工作班方可开始工作。应该指出的是，工作许可手续是逐级许可的，即工作负责人从工作许可人那里得到工作许可后，工作班的工作人员只有得到工作负责人许可工作的命令后才能开始工作。

2. 电力线路工作许可制度

电力线路填用第一种工作票进行工作，工作负责人必须在得到值班调度员或工区值班员的许可后，方可开始工作。

线路停电检修，值班调度员必须在发电厂、变电站，将线路可能受电的各方面都拉闸停电，并装好接地线后，将工作班、组数目，工作负责人的姓名、工作地点和工作任务、线路装设接地线的位置及编号记入记录表内，才能发出许可工作的命令。许可工作的命令，必须当面通知、电话传达或派人传达到工作负责人。严禁约时停、送电。

约时停、送电是指不履行工作许可手续，工作人员按预先约定的计划停电时间或发现设备失去电压而进行工作；约时送电是指不履行工作终结制度，由值班员或其他人员按预先约定的计划送电时间合闸送电。

由于电网运行方式的改变，往往发生迟停电或不停电；工作班检修工作也有因路途和其他原因提前完成或不能按时完成的情况。约时停、送电就有可能造成触电伤亡事故。因此，电力线路工作人员和有关值班员必须明确：工作票上所列的计划停电时间不能作为开始工作的依据；计划送电时间也不能作为恢复送电的依据，而应严格遵守工作许可、工作终结和恢复送电制度，严禁约时停、送电。

3. 工作许可应注意的事项

工作负责人、工作许可人任何一方不得擅自变更安全措施，值班人员不得变更有关检修设备的运行接线方式。工作中如有特殊情况需要变更时，应事先取得对方的同意。

（三）工作监护制度

1. 什么是工作监护制度

工作监护制度是指工作人员在工作过程中，工作负责人（监护人）必须始终在工作现场，对工作人员的安全认真监护，及时纠正违反安全的行为和动作的制度。

发电厂、变电站及电力线路上的工作，必须严格执行工作监护制度，这是由其工作性质和工作条件决定的。在发电厂和变电站的电气设备上进行作业时，除检修设备无电外，其周围都是带电或运用中的设备，稍有大意，就会错走带电间隔、接近带电设备或误碰、误操作，而电力线路的工作，工作人员经常处于高空作业或在运用中的电气设备上工作，工作中一旦疏忽，会发生高空摔跌、误登带电杆塔或触及邻近带电部位的事故。因此，执行工作监护制度，可使工作人员在工作过程中受到监护人的监督和指导，及时纠正不安全的动作和其他错误做法，避免事故的发生。特别是工作人员在靠近有电部位及工作转移时，工作监护就更为重要。

工作负责人（监护人）在办完工作许可手续之后，在工作班开工之前应向工作班人员交代现场安全措施，指明带电部位和其他注意事项。工作开始以后，工作负责人必须始终在工作现场，对工作人员的安全认真监护。

2. 监护工作要点

根据工作现场的具体情况和工作性质（如设备防护装置和标志是否齐全；是室内工作还是室外工作；是停电工作还是带电工作；是在设备上工作还是在设备附近工作；是进行电气工作还是非电气工作；参加工作的人员是熟练电工还是非熟练电工，或是一般的工作人员等）进行工作监护。监护工作要点如下：

（1）监护人应有高度责任感，并履行监护职责。从工作一开始，工作监护人就要对全体工作人员的安全进行认真监护，发现危及安全的动作应立即提出警告和制止，必要时可暂停工作。

（2）监护人因故离开工作现场，应指定一名技术水平高，且能胜任监护工作的人代替监护。监护人离开前，应将工作现场向代替监护人交代清楚，并告知全体工作人员。原监护人返回工作地点时，也应履行同样的交代手续。若工作监护人长时间离开工作现场，应由原工作票签发人变更新的工作监护人，新老工作监护人应做好必要的交接。

（3）为了使监护人能集中注意力监护工作人员的一切行动，一般要求监护人只担任监护工作，不兼做其他工作。在全部停电时，工作监护人可以参加工作，在部分停电时，只要安全措施可靠，工作人员集中在一个工作地点，不致误碰导电部分，则工作监护人可一边工作，一边进行监护。

（4）专人监护和被监护人数。对有触电危险、施工复杂容易发生事故的工作，工作票签发人或工作负责人（监护人），应根据现场的安全条件、施工范围、工作需要等具体情况，增设专人监护并批准被监护的人数。专人监护只对专一的地点、专一的工作和专门的人员进行特殊的监护。因此，专责监护人员不得兼做其他工作。例如：建筑工、油漆工、通信工和杂工等在高压室或变电站工作时，应指派专人负责监护。其所需要的材料、工具、仪器等应在开工前，在施工负责人的监督下运到工作地点。对这些工种的工作，一般在部分停电的情况下，一个专责监护人可监护 3 人。在室外变电站同一地点的配电装置上一个专责监护人可监护 6 人。如设备全部停电，一个专责监护人能监护的人数根据具体情况可增多。若在室内工作，且所有带电设备或隔离室全部未装设可靠的遮栏，一个专责监护人数不超过 2 人。当工作人员接近设备带电部分工作，有触电危险的可能时，一个专责监护人只能监护 1 个人。在线路高杆塔上工作，地面监护有困难的，应增设杆塔上监护人。

（5）允许单人在高压室内工作，监护人的职责。为了防止独自行动引起触电事故，一般不允许工作人员（包括工作负责人）单独留在高压室内和室外变电站高压设备区内。若工作需要（如测量极性、回路导通试验等），且现场设备具体情况允许时，可以准许工作班中有实际经验的一人或几人同时在他室进行工作，但工作负责人（监护人）应在事前将有关安全注意事项予以详细指示。

3. 监护内容

（1）部分停电时，监护所有工作人员的活动范围，使其与带电部分之间保持不小于规定的安全距离。

（2）带电作业时，监护所有工作人员的活动范围，使其与接地部分保持安全距离。

（3）监护所有工作人员工具使用是否正确，工作位置是否安全，操作方法是否得当。

（四）工作间断、转移和终结制度

1. 工作间断制度

发电厂、变电站的电气作业，当日内工作间断时，工作班人员应从工作现场撤出，所有安全措施保持不动，工作票仍由工作负责人执存。间断后继续工作，无须通过工作许可人许可；隔日工作间断时，当日收工，应清扫工作现场，开放已封闭的通路，并将工作票交回值班员。次日复工时，应得到值班员许可，取回工作票，工作负责人必须事前重新认真检查安全措施，合乎要求后，方可工作。若无工作负责人或监护人带领，工作人员不得进入工作地点。

2. 工作转移制度

在同一电气连接部分用同一工作票，依次在几个工作地点转移工作时，全部安全措施由值班员在开工前一次做完，转移工作时，不需再办理转移手续，但工作负责人在转移工作地点时，应向工作人员交代带电范围、安全措施和注意事项，尤其应该提醒新的工作条件的特殊注意事项。

3. 工作终结制度

发电厂、变电站电气作业全部结束后，工作班应清扫、整理现场，消除工作中各种遗留物件。工作负责人经过周密检查，待全体工作人员撤离工作现场后，再向值班人员讲清检修项目、发现的问题、试验结果和存在的问题等，并在值班处检修记录表上记载检修情况和结果，然后与值班人员一道，共同检查检修设备状况，有无遗留物件，是否清洁等，必要时作无电压下的操作试验。然后，在工作票（一式两份）上填明工作终结时间，经双方签名后，即认为工作终结。工作终结并不是工作票终结，只有工作地点的全部接地线由值班人员全部拆除，并经值班负责人在工作票上签字后，工作票方告终结。

二、保证安全的技术措施

在电气设备上工作，除了采取保证安全的组织措施以外，还应采取保证安全的技术措施。所谓保证安全的技术措施，是指工作人员在电气设备上工作时，为防止人身触电而采取的技术手段。

（一）电气设备全部停电和部分停电

电气设备的检修、安装、试验或其他工作，一般是在停电的状态下进行。将设备停电进行工作，可分为全部停电和部分停电两种。

全部停电是指室内或室外高压设备（包括电缆和架空线路的引入线）全部停电，且室内除上述高压设备停电外，还得将邻近的其他高压室的门全部关闭加锁。如发电厂某室内6kV厂用配电装置，当其室内全部高压设备，包括电源电缆进线全部停电后，与其邻近的其他高压室的门也应全部关闭加锁，本高压室才为全部停电。

部分停电是指室内或室外高压设备中，仅有一部分停电，或室内高压设备虽然已全部停电，但通至邻近其他高压室的门并未全部闭锁。

（二）保证安全的技术措施

1. 停电

（1）工作地点必须停电的设备

停电作业的电气设备和电力线路，除了本身应停电外，影响停电作业的其他带电设备和带电线路也应停电。电气设备停电作业时，应停电的设备如下。

①检修的设备。

②工作人员在进行工作时，正常活动范围与带电设备的距离小于规定值的设备。

③在44kV以下的设备上进行工作，工作人员正常活动范围与带电设备的距离，大于规定的正常活动范围与带电设备的安全距离，但小于规定的设备不停电时的安全距离，同时又无安全遮栏措施的设备。

④带电部分在工作人员的后面或两侧且无可靠安全措施的设备。

（2）电气设备停电检修应切断的电源

电气设备停电检修，必须把各方面的电源完全断开。

①断开检修设备各侧的电源断路器和隔离开关。为了防止突然来电的可能，停电检修

的设备，其各侧的电源都应切断。要求除各侧的断路器断开外，还要求各侧的隔离开关也同时拉开，使各个可能来电的方面，至少有一个明显的断开点，以防止检修设备在检修过程中，由于断路器误合闸而突然来电，同时也便于工作人员检查和识别停电检修的设备。所以，禁止在只经断路器断开电源的设备上工作。

②与停电检修设备有关的变压器和电压互感器，其高、低压侧回路应完全断开。停电检修的设备在切断电源时，应注意变压器向其反送电的可能性。特别是在发电机或系统并列装置二次回路比较复杂的情况下，若运行人员误操作，已停电的电压互感器可能通过二次回路，由运行系统反馈，致使高压侧带电，当工作人员接近或接触时造成触电事故。

③断开断路器和隔离开关的操作能源。隔离开关的操作把手必须锁住。为了防止断路器和隔离开关在工作中由于控制回路发生故障，如直流系统接地，机械传动装置失灵或由于运行人员误操作造成合闸，必须断开断路器和隔离开关的操作能源（取下控制、动力熔断器或储能电源）。

④将停电设备的中性点接地刀闸断开。运行中星形接线设备的中性点，由于线路三相导线的不对称排列，导致三相对地电容不平衡或三相负荷不平衡等因素，都能使中性点产生偏移电压。

2. 验电

（1）验电的目的

验电的目的是验证停电作业的电气设备和线路是否确无电压，防止带电装设接地线或带电合接地刀闸等恶性事故的发生。

（2）验电的方法

①验电时，应先将验电器在有电的设备上试验，验证验电器良好，指示正确。

②验证验电器合格，指示正常后，在被试设备的进出线各侧按相分别验电，将验电器慢慢靠近被试设备的带电部分，若指示灯亮或用绝缘棒验电，慢慢靠近带电部分，绝缘棒端有火花和放电噼啪声，则为有电；反之，为无电。

（3）验电注意事项

①验电时，验电人员应佩戴合格的绝缘手套，并有人监护。

②使用的验电器，其电压等级与被试设备（线路）的电压等级一致，且合格。绝不允许用低于被试设备额定电压的验电器进行验电，因为这会造成人身触电；也不能用高于被试设备额定电压的验电器验电，因为这会引起误判断（验电器用于比其电压低的电压上时灯泡可能不亮，误判带电设备无电压）。

③验电时，必须在被试设备的进出线两侧各相上分别验电，对处于断开位置的断路器或隔离开关的两侧也要同时按相验电，不允许只验一相无电就认为三相均无电。

④线路的验电也应逐相进行，对同杆塔架设的多层电力线路进行验电，先验低压，后验高压，先验下层，后验上层；对停电的电缆线路验电时，因电缆线路电容量大，则停电时因储存剩余电荷量较多，又不易释放，因此，刚停电时验电，验电器灯泡仍会发亮。此时，要每隔几分钟验电一次，直至验电器灯泡不亮时，才确认该电缆线路已停电。

⑤如果在木杆、木梯或木架上验电，不接地线不能指示者，可在验电器上接地线，但必须得到值班员的许可。

⑥330kV 及以上的电气设备，在没有相应电压等级的专用验电器的情况下，可用合格的绝缘棒代替验电，根据绝缘棒端部有无火花和放电声来判断有无电压。

⑦对 500V 及以下设备的验电，可使用低压试电笔或白炽灯检验有无电压。

3. 装设接地线

当验明设备（线路）确已无电压后，应立即将检修设备（线路）用接地线（或合接地刀闸）三相短路接地。

（1）接地线的作用

接地线（接地刀闸），由三相短路部分和接地部分组成，它的作用如下。

①当工作地点突然来电时，能防止工作人员触电伤害。在检修设备的进出线各侧或检修线路工作地段两端装设三相短路的接地线，使检修设备或检修线路工作地段上的电位始终与地电位相同，形成一个等地电位的作业保护区域，防止突然来电时停电设备或检修线路工作地段导线的对地电位升高，从而避免工作地点工作人员因突然来电而受到触电伤害的可能。

②当停电设备（或线路）突然来电时，接地线造成突然来电的三相短路，促成保护动作，迅速断开电源，消除突然来电。

③泄放停电设备或停电线路由于各种原因产生的电荷，如风磨电、感应电、雷电等，都可以通过接地线入地，对工作人员起保护作用。

（2）装设接地线的原则

①凡可能送电至停电设备的各侧，或停电设备可能产生感应电压的均应装设接地线；当有产生危险感应电压的，应适当增设接地线。

②停电线路工作地段的两侧应装设接地线；凡有可能送电到停电线路的分支线也要装设接地线；若有感应电压反映在停电线路上时，应增设接地线；停电线路在发电厂、变电

站的输出线路隔离，开关线路侧也要装设接地线。

③发电厂、变电站母线检修时，若母线长度在 10m 以内，母线上只装设一组接地线；在门型架构的线路侧进行停电检修，如工作地点与所装接地线的距离小于 10m，工作地点虽在接地线外侧，也可不另装接地线；当母线长度大于 10m 时，应视母线通电源进线的多少和分布情况及感应电压的大小，适当增设接地线。

④抢修分段母线（分段母线以隔离开关或断路器分段），每一分段不连接，且每分段都连接有电源进线时，则各分段母线均应装设接地线；若每一分段上无电源进线，则可不装设接地线。

（3）装、拆接地线的方法及安全注意事项

①装、拆接地线必须由两人进行。若为单人值班，只允许使用接地刀闸接地，或使用绝缘棒合接地刀闸。这是因为如果单人装接地线时，若发生带电装设接地，则会出现无人救护的严重后果，故规程规定必须由两人进行。同样，为保证人身安全，拆除接地线也必须由两人进行。单人值班合、拉接地刀闸不会出现上述严重情况。

②装设接地线时，应先将接地端可靠接地，验明停电设备无电压后，立即将接地线的另一端接在设备的导体部分上。这样做可以防止装设接地线人员，因设备突然来电或感应电压的触电危险。

③拆除接地线时，应先拆除设备的导体端，后拆除接地端。按这种顺序拆除接地线，可防止突然来电和感应电压对拆除接地线人员的触电伤害。

④装、拆接地线时，应使用绝缘棒和戴绝缘手套，人体不得碰触接地线，以免感应电压或突然来电时的触电。

⑤装设接地线时，接地线与导体、接地桩必须接触良好。为使接地线与导体、接地桩接触良好，接地线必须使用线夹固定在导体上，严禁用缠绕的方法接地或短路；在室内配电装置上，接地线应装在该装置已刮去油漆的导电部分（这些地点是室内装接地线的规定地点，且标有黑色记号）。如果不按上述要求装设接地线，则使接地线与导体、接地桩接触不良，当接地线流过短路电流时，在接触电阻上产生的电压降将施加于停电设备上，使停电设备带电，这是不允许的。

⑥接地线的接地点与检修设备之间不得连有断路器、隔离开关或熔断器。若接地线的接地点与检修设备之间连有断路器、隔离开关或熔断器，则在设备检修过程中，如果有人将断路器、隔离开关断开，将熔断器取下或熔断器熔体断开，致使检修设备处于无接地保护状态。如果布置的安全措施中存在切断电源操作不彻底的情况，则在检修过程中有可能

造成电压反馈，使检修设备带电而发生触电事故，故装设接地线应避免上述情况发生。

⑦对带有电容的设备或电缆线路，在装设接地线之前应放电，以防工作人员被电击。

⑧同杆塔架设的多层电力线路装设接地线时，应先装低压，后装高压，先装下层，后装上层。

⑨接地线与带电部分应符合安全距离的规定。

4．悬挂标示牌和装设遮栏

在电源切断后，应立即在有关地点悬挂标示牌和装设临时遮栏。

（1）标示牌和遮栏的作用。标示牌可提醒有关人员及时纠正将要进行的错误操作和行为，防止误操作而错误地向有人工作的设备（线路）合闸送电，防止工作人员错走带电间隔和误碰带电设备。可限制工作人员的活动范围，防止工作人员在工作中对高压带电设备的危险接近。

综上所述，在电源切断以后，应立即在有关部位、工作地点悬挂标示牌和装设遮栏。实践证明，悬挂标示牌和装设遮栏是防止事故发生的有效措施。

（2）悬挂标示牌和装设遮栏的部位和地点。

①在一经合闸即可送电到工作地点的断路器和隔离开关的操作把手上，均应悬挂“禁止合闸，有人工作”的标示牌。

②凡远方操作的断路器和隔离开关，在控制盘的操作把手上悬挂“禁止合闸，有人工作”的标示牌。

③线路上有人工作时，应在线路断路器和隔离开关的操作把手上悬挂“禁止合闸，线路有人工作”的标示牌。

④部分停电的工作，当安全距离小于“设备不停电时的安全距离”时，小于该距离以内的未停电设备，应装设临时遮栏。临时遮栏与带电部分的距离不得小于“工作人员工作中正常活动范围与带电设备的安全距离”，在临时遮栏上悬挂“止步，高压危险!”的标示牌。

⑤在室内高压设备上工作，应在工作地点两旁间隔的遮栏上、工作地点对面间隔的遮栏上和禁止通行的过道（通道应装临时遮栏）上悬挂“止步，高压危险!”的标示牌。

⑥在室外地面高压设备上工作，应在工作地点四周用绳子做好围栏，围栏上悬挂适当数量的“止步，高压危险!”的标示牌，标示牌有标志的一面必须朝向围栏里面（使工作人员随时可以看见）。

⑦在工作地点悬挂“在此工作!”的标示牌。

⑧在室外架构上工作，应在工作地点邻近带电部分的横梁上，悬挂“止步，高压危险！”的标示牌。在工作人员上下铁架和梯子上应悬挂“从此上下！”的标示牌。在邻近其他可能误登的带电架构上，应悬挂“禁止攀登，高压危险！”的标示牌。

上面提到的接地线、标示牌、临时遮栏、绳索围栏等都是保证工作人员人身安全和设备安全运行所做的措施，工作人员不得随意移动和拆除。

第二节　电气检修安全技术

一、电气检修及一般安全要求

（一）电气检修和分类

电气设备检修是消除设备缺陷，提高设备健康水平，确保设备安全运行的重要措施。

发电厂、变电站电气设备的检修分为大修、小修和事故抢修。大修是设备的定期检修，间隔时间较长，对设备进行较全面的检查、清扫和修理；小修是消除设备在运行中发现的缺陷，并重点检查易磨、易损部件，进行必要的处理或进行必要的清扫和试验，其间隔时间较短；事故抢修是在设备发生故障后，在短时间内进行抢修，对其损坏部分进行检查、修理或更换。

（二）电气检修一般安全规定

为保证检修工作顺利开展，避免发生检修工作中的设备和人身安全事故，检修人员应遵守如下检修工作一般安全规定。

1. 在检修之前，要熟知被检修设备的电压等级、设备缺陷性质和系统运行方式，以便确定检修方式（大修或小修，停电或不停电）和制定检修安全措施。

2. 检修工作一定要严格执行保证安全的组织措施和保证安全的技术措施。

3. 检修时，除有工作票外，还应有安全措施票。工作票上填有安全措施，这些措施由运行人员布置，是必不可少的，但是运行人员布置后，并不监视检修人员的行动，全靠检修人员自我保护；安全措施票是用于检修人员自我保护的由检修人员自己填写，用安全措施票的条文，约束检修人员的行为，达到自己保护自己，如票上列出了作业范围、防止触电事项、高空作业安全事项等。

4. 检修工作不得少于 2 人，以便在工作过程中有人监护，严禁单人从事电气检修工作。

5. 检修工作应使用合格的工器具和正确使用工器具。工作前应对工器具进行仔细检查。如在发电机静子膛内进行检修工作，膛内照明应选用 36V 及以下的行灯，行灯应完好不漏电，以保证检修工作的安全。

6. 检修过程中，应严格遵守安全措施，保持工作人员、检修工具与运行设备带电部分的安全距离。

7. 工作前禁止喝酒，避免酒后作业误操作，防止发生人身和设备事故。

二、电气设备检修安全技术

（一）发电机（或调相机）检修

1. 停电检修安全措施

发电机，停电检修时应填用第一种工作票，并做好下列安全措施。

（1）断开发电机的断路器，拉开隔离开关，使发电机与带电设备脱离。

（2）断开发电机的灭磁开关、备用励磁机至本发电机的隔离开关、发电机主励机的灭磁开关、备用励磁装置的电源及输出断路器。防止备用励磁机或励磁系统误向发电机转子回路突然送电。

（3）断开所有辅机的电源开关，如汽轮机盘动转子用的盘车电动机、油泵电动机、冷水泵电动机等的电源开关均应断开，防止突然来电，防止误启动伤人。

（4）断开上述所有断路器的控制电源及合闸能源，防止操作回路突然来电和误合断路器。

（5）断开发电机侧电压互感器的高压侧隔离开关，取下高、低压熔断器，防止电压互感器二次侧因误操作，将运行系统的电压倒送至高压侧而引起触电事故。

（6）对于调相机，其启动用的电动机电源断路器及隔离开关、电动机电源断路器控制回路的控制及合闸熔断器均应断开，防止电动机误启动。

（7）验明无电压后，在发电机与断路器之间装设接地线。

（8）在已停电的所有断路器、隔离开关、闸刀开关的操作把手上、并列装置的插座上挂“禁止合闸，有人工作”的标示牌，防止运行人员误操作危及检修人员的安全。

（9）若检修机组中性点与其他发电机的中性点连在一起，则必须将被检修发电机的中性点分开。

（10）若检修的发电机装有二氧化碳或蒸汽灭火装置时，在工作人员进入风道内工作之前，应将阀门妥为制住，并将远方操作的电源开关断开，防止有人误动设备，使二氧化破或蒸汽进入风道。

（11）在发电机（调相机）的断路器及灭磁开关都已断开，但转子仍在转动的情况下，禁止在发电机（调相机）回路上工作，以防止因转子的剩磁在定子绕组中感应电压触电。在特殊情况下需要在转动着的发电机（调相机）回路上工作时，必须先切断励磁回路，投入自动灭磁装置，将定子出线与中性点一起短路接地。在装拆短路接地线时，应戴绝缘手套，穿绝缘靴或站在绝缘垫上，并戴护目眼镜。

（12）当工作人员需要进入氢冷发电机的机壳内工作及在氢气区域进行动火工作时，应做好防止工作人员窒息或工作中引起氢气爆炸的安全措施。

2. 检修安全注意事项

（1）拆卸机端部件安全注意事项

①拆下的全部零件和螺栓应做好位置记号，装箱妥善保管。如解开发电机与汽轮机和励磁机的联轴器，拆下励磁机和滑环的电缆、励磁机冷却水管和励磁机，拆滑环刷架的地脚螺栓等均应做好位置记号，以便回装对号入座。滑环的工作面应用硬绝缘纸板包好，保证滑环工作面不受损伤。

②发电机轴封、端盖板和护板等部件拆开后，起吊时应稳妥，防止起吊时突然倾倒而破坏绕组端部和风挡等部件。

③测量有关间隙。如轴封间隙、风扇与护板之间的轴向和径向间隙、定子和转子间的间隙，做好记录，以便与上次测量值和回装测量值相比较，若相差很大，应查明原因。

（2）抽转子安全注意事项

将转子从定子膛抽出过程中，若操作不当，就会造成定、转子损坏事故。为此，发电机抽转子应注意下列事项。

①抽转子前应仔细检查所有的起重设备和专用工具完整无损，安装正确，并有足够的安全裕度。

②为保护转子表面不受损伤并防止钢丝绳滑动，在转子套钢丝绳的位置，应预先垫好木板、胶皮和铝板。

③抽转子过程中，转子应始终在水平状态，不允许定、转子相擦或碰撞，为此，在发

电机两端设专人用灯光照射监视定、转子间隙，使其保持均匀。并有人扶持对轮跟随进入定子膛中，以免转子偏斜和摆动。

④抽转子过程中，若需变更钢丝绳位置，可用支架或枕木临时支撑，并保持定、转子间有一定的间隙，严禁将转子直接放在定子铁芯上。

⑤无论在起吊过程中或放置时，转子的轴颈、风扇、滑环、护环及转子引出线都不得受力或碰撞。注意起吊过程中钢丝绳不要接触或碰擦轴颈、风扇、滑环、护环及转子引线。

⑥抽出的转子应平稳可靠地放置在与转子铁芯弧形吻合的凹槽的支架或枕木上，且转子的大齿受力。

⑦发电机解体后，对定子、转子主要部位的要害环节，要严加防护（如加贴封条），在不工作时，用篷布盖好，以防脏污或发生意外。

（3）回装转子安全注意事项

回装转子时，除注意抽转子的注意事项外，还应注意下列事项。

①转子回装之前，应对定、转子最后做一次吹风扫除和检查，检查有无工具和杂物遗留在定子内或转子绕组端部的下面，检查定子铁芯和绕组端部、转子风扇等有无损坏。

②转子装入后，在有人安装轴承、联轴器及转子找中心时，电气检修人员应适当配合，并注意保护发电机部件不受损。

（4）进入定子膛内工作的安全注意事项

进入发电机定子膛内进行工作，必须注意下列事项。

①凡进入定子膛内工作的人员，应穿专用工作服和工作鞋，禁止穿硬底鞋和带有铁钉的鞋。

②凡进入定子膛内工作的人员，衣袋中不得装有任何金属小物件（如小刀、证章、打火机、硬币、钢笔等），以防落入铁芯内。

③使用的工具必须进行登记，小工具应放在专用的工具盒内或用白布带拴牢，每班收工时应清点工具，凡带入定子膛内部的全部工具如数拿出，不得遗漏。

④在定子膛内使用的行灯，其电压必须在36V及以下，防止膛内漏电触电。

⑤出入定子时，不得直接踏在绕组端部上，以免弄脏或损坏端部主绝缘。定子两端绕组的下部应用毡垫或胶皮盖好。

⑥做好消防和保卫工作。无关人员不许进入定子膛内，定子膛内严禁吸烟，如有必要进行动火工作，应预先做好灭火措施。

（5）水内冷发电机的干燥

水内冷发电机的干燥采用热水干燥法进行干燥。干燥时，启动发电机的冷却水系统，用70℃的热水进行循环，热水可以利用蒸汽通入水箱加热得到，而冷却水系统中冷却器的循环水应切断，热水的压力约98kPa，干燥4—5天。

（二）电力变压器检修

当电力变压器停电检修时，应做好防止突然来电和大件起吊过程中损坏吊件，以及保证检修人员人身安全的措施。

1. 停电检修的安全措施

变压器停电检修的安全措施如下：

（1）断开变压器各侧的断路器。

（2）拉开变压器各侧的隔离开关。

（3）断开各断路器的控制和动力能源，断开各隔离开关的操作电源，取下高、低压熔断器。

（4）在各断路器、隔离开关的操作把手上挂“禁止合闸，有人工作”标示牌，以防止运行人员误操作。

（5）拉开主变压器中性点的接地隔离开关。因为变压器中性点接地隔离开关是变压器零序电流的通道，为防止系统接地故障时，零序电压加入变压器的中性点上，检修变压器时，中性点的接地隔离开关也应拉开，并在中性点接地隔离开关的操作把手上挂“禁止合闸，有人工作”标示牌，防止运行人员误操作。

（6）在变压器各侧断路器及隔离开关断开后，用验电器在变压器的各侧验电，在变压器确无电压后，在变压器的各侧挂接地线，以防感应电压及突然来电。

2. 变压器吊芯措施

由于吊芯检修要起吊铁芯或钟罩，为防止起吊过程中的伤人或碰坏变压器部件，变压器吊芯时应采取以下安全措施。

（1）吊芯应选择在良好天气进行，并且工作场所无灰烟、尘土、水气，相对湿度不大于75%。变压器铁芯在空气中停留时间应尽量缩短。如果空气相对湿度大于75%，应使铁芯温度（按变压器油上层油温计算）比空气温度高10℃以上，或者保持室内温度比大气温度高10℃，且铁芯温度不低于室内温度。只有在这种情况下吊芯，才能避免芯子受潮。

（2）起吊前，必须详细检查起吊钢丝绳的强度和挂钩的可靠性，以免发生起吊过程中的断绳事故。起吊所使用的器具不准超载。

（3）起吊时，绳扣角度，吊重位置，必须符合制造厂的规定。要求每根吊绳与铅垂线之间的夹角不大于30°，如果不能满足这个要求，或者起吊绳套碰及芯子部件时，应采用辅助吊梁，以免钢丝绳受张力过大，或将吊板（吊环）拉弯。

（4）起吊前，对工作人员应进行周密分工，各负其责。

（5）起吊芯子时，应有专人指挥，油箱四角应有人监视，防止铁芯、绕组及绝缘部件与油箱碰撞受损。钟罩式变压器在吊起钟罩时，钟罩四角要有晃绳，严防钟罩在空中摆动，四角担任监视的人员要随时监视钟罩的内腔，防止钟罩内腔与芯子碰撞。在吊钟罩时，为防止钟罩碰撞芯子，也可在油箱底座上临时安装几根定位棒，控制钟罩在起吊高度的范围内垂直升降。起吊大容量的高压自耦变压器钟罩时，还要注意制造厂的一些特殊要求。

（6）起吊钟罩时，工作人员必须戴安全帽，防止起吊过程中钟罩伤人。

（7）吊出的钟罩需要落放在地面上时，钟罩应落放在枕木上。若钟罩不落放在地面上时，则应在变压器芯部的夹铁两端用枕木把钟罩临时支撑住，同时不摘去吊钩，以保证检修安全。

（8）回装钟罩与吊出钟罩顺序相反，注意事项同上，当钟罩落位时，检修人员应注意防止上肢及手指被钟罩压伤。

3. 变压器器身检查注意事项

钟罩吊开后检查变压器的器身时，应注意下列事项：

（1）认真做好绕组绝缘、铁芯、机械结构、调压装置的检查和器身的电气测试；做电气试验时要注意相互呼应，避免触电。

（2）当需要进入器身上进行检查时，工作人员应穿干净的专用工作服和工作鞋进行，防止脏污及杂物带入器身，防止检查过程中碰伤部件及绝缘。

（3）器身恢复前，应认真清理工具和材料，对芯子应仔细检查，不得在芯子上遗留工具、材料和任何杂物。

（4）在器身恢复前，清理油箱底一切杂物，特别是铁屑、焊渣的清理，一切杂物清理后，再用干净合格的变压器油冲洗器身，并排净油箱底部的残油。

（5）检查器身的时间尽可能短，以免器身在空气中停留时间过长，防止器身受潮。

4. 变压器小修注意事项

（1）填写小修记录。小修记录包括厂（站）名、变压器编号、铭牌、小修项目、更换部件及检修日期、环境温度、器温等，并注明检修人员。

（2）对检修后变压器上部各放气堵塞应充分放气，包括散热器或冷却器、套管、升高座及气体继电器等处。拧松放气堵塞放气，当冒油时快速拧紧。

（3）变压器上部不应遗留工具等。

（4）在退出检修现场前，应检查变压器的所有蝶门、截门是否处在应处的位置。

上述几项工作完成后，方可办理工作票终结手续。

5. 变压器现场补油注意事项

变压器现场补油常为储油柜缺油、充油套管缺油的补油工作。变压器补油时应注意下列安全事项。

（1）储油柜补油时，一般在变压器停电的情况进行，如果带电补油，必须有特殊的操作措施。

（2）所用的油要求油号与变压器的油号一样，且电气性能及理化性能合格。

（3）补油一般从储油柜的注油孔补油，用滤油机补油至合适的油面为止。补油一般不从变压器油箱下节门进油，因多数变压器箱底存有杂质和水，防止把它们搅起来，引起变压器绝缘下降。

（4）变压器套管补油时，需在变压器停电状态下进行，从套管注油孔注入合格的同油号油。若套管漏油严重，应更换新套管。

6. 变压器胶囊更换注意事项

对于安装有胶囊的变压器，运行中若发现油标油面变化不正常，应更换胶囊，胶囊更换后应特别注意胶囊的充气，如只装胶囊而不充气，即没把储油柜中的空气排出，当变压器投入运行后，则可能造成防爆筒玻璃爆破，胶囊破裂，严重时可能造成气体继电器动作。

（三）高压断路器检修安全注意事项

1. 在室外检修需搭脚手架时，脚手架应牢靠，防止脚手架倒塌，脚手架上应铺好脚手板，防止工作人员从脚手架上跌落伤人。

2. 脚手架应有专供上下的爬梯，且爬梯绑扎牢固，工作人员上下应走专用爬梯，并防止上下梯时脚滑跌伤。

3. 在脚手架上进行断路器的检修工作时，工作人员应注意不要高空落物，防止重物下落砸伤地面工作人员。

4. 工作人员均应穿工作服、工作鞋、戴安全帽，保证检修时的人身安全。

5. 在调试断路器动触杆的行程时，断路器的上帽已拆下，调试过程中若需电动合闸时，工作人员的胸部切莫正对导电杆，防止电动合闸时，导电杆穿胸致人死亡。

6. 检修时，拆装应正确，注意检修质量，防止细小疏忽引起设备事故。如油断路器三相排气孔回装应注意错开，不要相邻相排气孔正对，防止切断短路电流时，排气孔排油气引起相间短路；注油应注合格油，且至规定油位，防止运行时油断路器因油位过高或过低引起爆炸；不允许先放油后分闸，因为中间机构箱内无油，故无缓冲作用。

（四）电动机检修

1. 高压电动机的检修

（1）停电安全措施

①断开电动机的电源断路器和隔离开关。

②小车断路器从成套配电装置开关柜内拉出。

③在断路器、隔离开关把手上挂“禁止合闸，有人工作”标示牌。

④拆开该电动机的电缆头并三相短路接地。

⑤采取防止被其带动的机械（如引风机）引起电动机转动的措施，并在阀门上挂“禁止合闸，有人工作”标示牌。

（2）检修安全注意事项

①将电动机整体吊起，运至检修场地，应注意起重设备有足够的安全系数。

②拆卸靠背轮时应使用专用工具，不准用铁锤敲下靠背轮。

③拆卸端盖前，做好复位组装的记号，对于大的端盖，拆卸前用起重工具将其系牢，以免端盖脱离机壳时，轧伤绕组绝缘。端盖离开止口后，手扶端盖，将其慢慢移出放在木架上，端盖止口朝上。

④抽转子。大、中型电动机必须用起重工具抽出转子。

2. 低压电动机检修

（1）停电安全措施

①断开电动机的电源开关。

②拉开电动机的电源闸刀（或将其电源空气开关从开关抽屉抽出）。

③在电源开关及电源闸刀开关操作把手上挂“禁止合闸，有人工作”标示牌。

④在闸刀的刀口之间装绝缘隔板，并绑扎牢靠。

（2）检修安全注意事项

①电动机整体吊起运至检修场地时，应注意运输途中不要摔伤电机和伤人。

②拆装靠背轮时，不准用铁锤敲击靠背轮。

③拆端盖时，做复位记号，拆卸过程中不要伤人和损伤定子端部绕组。

④抽转子时，不要碰伤定子绕组，不要碰轴颈、滑环、绑线、风扇。

⑤更换和打紧槽楔时，不要损伤绕组和铁芯。

⑥新装轴承（滚动轴承）要加热组装，轴承加热温度不超过100℃，有尼龙保护器的轴承不超过80℃，轴承受热要均匀，加热温度应缓慢上升。严禁用明火直接加热。

⑦同一轴承内润滑脂必须是同一种型号，且质量合格。

（五）在停电的低压配电装置和低压导线上的工作

1. 低压回路停电安全措施

在380V/220V配电装置、配电盘和配电线路上工作时，一般应在停电状态下进行。为防止工作中发生触电事故，应做好如下停电安全措施。

（1）将检修设备的各方面电源断开（断开电路的开关、拉开电路的闸刀、取下电路的熔断器）。

（2）在电路开关、闸刀的操作把手上挂“禁止合闸，有人工作”标示牌。

（3）取下电路开关的操作熔断器。

（4）在闸刀口加装绝缘隔板并绑扎好，防止闸刀误合或自行落下。

（5）根据需要采取其他安全措施。如：将检修的配电电源干线三相短路接地，防止突然来电；在低压配电盘内工作时，虽然检修设备已停电，但盘内停电设备的周围仍有带电设备运行，为防止检修人员碰触周围带电设备，可将检修设备与带电设备间用绝缘板隔开，或用绝缘布将带电部分包起来。

2. 低压回路停电检修安全注意事项

（1）填用第二种工作票，并履行工作票许可手续（在低压电动机和照明回路上工作，可用口头联系）。在低压配电盘、配电箱、电源干线等低压回路上的工作，由于回路多，电源干线有多路电源送入，容易引起触电事故，根据规程规定，应填用第二种工作票，并做安全技术措施；在照明回路上或对停止运行的低压电动机进行检查工作，可用口头命令进行，但此项命令必须由运行值班人员记录在规定的记录表中，进行交接班，防止值班人员误送电造成检修人员触电。

(2) 检修人员不少于2人。

(3) 检修过程中，均不得随意改动原来线路的接线，不得随意进入遮栏或拆除各种防护遮栏。

(4) 检修人员均应穿工作服、绝缘鞋，戴安全帽。

第三节　雷电防护安全技术

雷电是自然界的一种自然放电现象。雷电袭击发电厂、变电所及人们的生活设施时，将造成厂房、设备损坏和发生人身伤亡事故，故电力工程必须充分研究雷电的形成及特点，提出预防措施。本节着重讨论雷电对电力系统、人身的危害，以及防止发生雷电事故的措施。

一、雷电及其危害

（一）雷电放电及其特点

随着空中云层电荷的积累，其周围空气中的电场强度不断加强。当空气中的电场强度达到一定程度时，在两块带异号电荷的雷云之间或雷云与地之间的空气绝缘就会被击穿而剧烈放电，出现耀眼的电光，同时，强大的放电电流所产生的高温，使周围的空气或其他介质发生猛烈膨胀，发出震耳欲聋的响声，这就是我们通常所说的雷电。

雷电放电在本质上与一般电容器放电现象相同，是两个带有异号电荷的极板发生电荷的中和，所不同的是作为雷电放电的两个极板，大多是两块并不是良导体的雷云，或一块雷云对大地；同时，极板间的距离要比电容器极板间的距离大得多，通常可达几公里至几十公里。因此，雷电放电可以说是一种特殊的电容器放电现象。

雷电放电多数发生在带异号电荷的高空雷云之间，也有少部分发生在雷云与大地之间。雷云与地面间的空气绝缘被击穿而发生雷云对地的放电现象，就是所谓的落地雷。雷电对电气设备和人身的危害，主要来源于落地雷。

落地雷具有很大的破坏性。当雷击地面电气设备时，雷电流通过电气设备泄入地中，高达几十千安甚至数百千安的雷电流通过设备时，必然在其电阻（设备的自身电阻和接地电阻）上产生压降，其值可高达数百万伏甚至数千万伏，这一压降称为“直击雷过电压”。若雷电并没有直击设备，而是发生在设备附近的两块雷云之间或雷云对地面的其他物体之间，由于电磁和静电感应的作用，也会在设备上产生很高的电压，这称为“感应雷过电压”。

（二）雷电的危害

雷电对设备和建筑物放电时，即使时间非常短暂，强大的雷电流也能在电流通道上产生大量的热量，使温度上升到数千度，在电气设备上产生过电压，对电气设备和建筑物造成巨大的破坏，对人身构成巨大的威胁。它的危害来源于以下几个方面：

1. 雷电产生的过电压

雷击电力系统电气设备或输电线路时，产生的直击雷过电压幅值高，陡度大，足以使其绝缘损坏，造成事故；感应过电压虽然其幅值有限，但也对设备和人身安全构成严重的威胁，所以，对直击雷、感应雷都必须采取相应的防护措施。

2. 雷电的高温效应

雷电流流过电气设备、厂房及其他建筑物时，尽管持续时间短，但功率大，其热效应足以使可燃物迅速燃烧起火；当雷击易燃易爆物体，或雷电波入侵有易燃易爆物体的场所时，雷电放电产生的弧光与易燃易爆物接触，会引起火灾和爆炸事故。

3. 雷电的机械效应

雷击建筑物时，雷电流流过物体内部，使物体及附近温度急剧上升，由于高温效应，物体中的气体和物体本身剧烈膨胀，其中的水分和其组成物质迅速分解为气体，产生极大的机械力，加上静电排斥力的作用，将使建筑物造成严重劈裂，甚至爆炸变成碎屑。雷击树木造成树木劈裂、雷击无避雷针的烟囱使其坍塌就是很好的例证。

4. 雷电放电的静电感应和电磁感应

雷云的先导放电阶段，虽然其放电时间较长，放电电流也较小，也并没有击中建筑物和设备，但先导通道中布满了与雷云同极性的电荷，在其附近的建筑物和设备上感应出异号的束缚电荷，使建筑物和设备上的电位上升。这种现象叫雷电放电的静电感应。由静电感应产生的设备和建筑物的对地电压，可以击穿数十厘米的空气间隙，这对一些存放易燃易爆物质的场所来说是危险的。另外，由于静电感应，附近的金属物之间也会产生火花放电，引起燃烧、爆炸。

当输电线路或电气设备附近落雷时，虽然没有造成直击，但雷电放电时，由于其周围电磁场的剧烈变化，在设备或导线上产生感应过电压，其值最大可达 500kV。这对于电压等级较低、绝缘水平不高的设备或输电线路是非常危险的。在引入室内的电力线路或配电线路上产生过电压，不仅会损坏设备，而且会造成人身伤亡事故。

5. 雷电对人身的伤害

人体若直接遭受雷击，其后果是不言而喻的。多数雷电伤人事故，是由于雷击后的过电压所产生的。过电压对人体伤害的形式，可分为冲击接触过电压对人体的伤害、冲击跨步过电压对人体的伤害及设备过电压对人体的反击三种。

雷击物体时，强大的雷电流沿着其接地体流入大地，雷电冲击电流向大地四周发散所形成的散流，使接地点周围形成伞形分布的电位场，人在其中行走时两脚之间出现一定的电位差，即冲击跨步电压。雷电流通过设备及其接地装置时产生冲击高压，人触及设备时手脚之间的电位差就是冲击接触电压。反击伤害是指避雷针、架构、建筑物及设备等遭受雷击，雷电流流过时产生很高的冲击电位，当人与其距离足够近时，对人体产生放电而使人体受到伤害。为了防止雷电对人身伤害事故的发生，电气运行人员在巡视设备时，雷雨天气不得接近避雷针及其引下线 5m 之内。

另一个不可忽视的问题是，沿线路入侵的大气过电压对人体的反击伤害。这种伤害主要发生在雷电波沿低压配电线路入侵室内的时候。资料表明，在雷害较多的我国江南地区，由于雷击输配电线路造成的雷电波侵入室内，导致的雷害事故占整个雷害事故的 44%。雷电波入侵造成的反击伤害事故往往是严重的。某地区统计的 50 起雷击架空线路事故中，竟有 210 多人死亡。雷击架空线路时的过电压可高达 2000~3000kV，例如，某灯光球场的吊灯距地 4m，雷电波入侵后发生对地放电；某宿舍的配电线路上落雷，宿舍共有 9 处放电，还将灯下 0.4m 处的人击倒。事故调查分析表明，发生这类事故的用户进线大部分是木电杆，且绝缘子的铁脚没有接地。将绝缘子的铁脚接地后，事故率会大大下降。

二、电力系统的防雷保护

电力系统的防雷措施主要是装设防雷装置。一方面，防止雷直击导线、设备及其他建筑物；另一方面，当雷击产生过电压时，限制过电压值，保护设备和人身安全。

防雷装置主要有避雷针、避雷线、避雷网、避雷带及避雷器等。避雷针、网、带主要用于露天的变配电设备保护；避雷线主要用于保护电力线路及配电装置，避雷网、带主要用于建筑物的保护。避雷器主要用于限制雷击产生过电压，保护电气设备的绝缘。

（一）避雷针

为了防止建筑物和露天的变配电设备遭受直击雷的袭击，装设避雷针是最有效的方法。避雷针的保护原理就其本质而言，并非“避雷”，而是“引雷”。当雷云接近地面时，雷电放电朝着电场强度大的方向发展。避雷针利用在空中高于其被保护对象的有利地位，把雷电引向自身，将雷电流引入大地，而达到使被保护物“避雷”的目的。

避雷针由三部分组成：雷电接收器、接地引下线和接地体。

1. 雷电接收器

雷电接收器也叫接闪器，是指避雷针耸立天空的“针”的部分，装在整套装置的最上面，用以引雷放电。接闪器一般由镀锌或镀铬的圆铜或钢管制成，长 1～2m，圆钢的直径不小于 25mm，钢管的直径不小于 40mm，壁厚不小于 2.75mm。

2. 接地引下线

接地引下线是避雷针的中间部分，其作用是将雷电流引到地下，引下线的截面积不但应根据雷电流通过时的短时发热稳定条件计算，而且要考虑其机械强度。一般引下线可采用载流量较大，且熔化温度较高的多股钢绞线，也可采用价格便宜，截面不小于 $48mm^2$ 的扁钢。若采用钢筋混凝土杆或钢铁构架时，也可采用钢筋或钢铁构架作引下线。引下线入地前 2m 的一段应加以保护，以防腐蚀和机械损伤。

为了减小阻抗，接地引下线应选择最短的路径敷设，敷设时应避免转角或尖锐的弯曲，要使引下线到接地体之间形成一条平坦的通道。若中间必须弯曲时，应减小弯曲半径，否则，将使引下线电抗增大，雷电流流过时，产生大的压降，造成反击事故。

3. 接地装置

接地装置即接地体，避雷针的最低部分。接地体的作用不仅是将雷电流安全地导入地中，而且还要进一步将雷电流均匀地散开，不至于在接地体上产生过高的压降。因此，避雷针的接地装置所用材料的最小尺寸，应稍大于其他接地装置所用材料的最小尺寸，以求得较小的接地电阻。

避雷针的接地采用人工接地体。一般用直径为 40～50mm 的钢管，40mm×40mm×4mm 或 50mm×50mm×5mm 的角钢、圆钢、扁钢等制成。接地体可垂直埋设或水平埋设，垂直埋设的接地装置一般以 2 根以上约 2.5m 长的角铁或钢管打入地下，并在上端用扁钢或圆钢将它们连成一体，接地体可以成排放置，也可以环形布置。水平埋设的接地装置一般在多岩地区使用，可呈放射形，也可以成排或环形布置。

在一定高度的避雷针下面，有一个安全区，在这个区域中的物体基本能保证不受雷击，这个安全区即避雷针的保护范围。被保护物必须都在避雷针的保护范围中，才可能避免遭受直击雷的袭击。同时，避雷针与被保护设备及其接地装置的距离不能太近，以防避雷针落雷时对设备造成反击。

（二）避雷线

避雷线由架空地线，接地引下线和接地体组成。架空地线是悬挂在空中的接地导体，其作用和避雷针一样，对被保护物起屏蔽作用，将雷电流引向自身，通过引下线安全地泄入地下。因此，装设避雷线也是防止直击雷的主要措施之一。

避雷线的保护范围是带状的，对伸长的被保护物最为合适，同时，由于避雷线对输电线路有屏蔽、耦合、对雷电流有分流的作用，可以有效降低输电线杆塔遭受雷击时的过电压的幅值和陡度，限制沿输电线入侵发电厂、变电所的雷电波，故它主要用于输电线路的防雷保护。当建筑物、配电装置面积较大，用避雷针保护不经济时，也可用避雷线拉成网状，组成避雷带、避雷网保护。

避雷线保护输电线路时，避雷线对外侧导线的保护作用通常用保护角来表示，保护角越小，其可靠程度就越高；保护角越大，雷电绕过避雷线路直击于输电线路即绕击的可能性就越大。对于雷电活动频繁、电压等级较高的输电线路可以用双避雷线保护。经验证明，保护角在20°~25°以下时，绕击的概率能够下降到很低的程度。

（三）避雷器

避雷器是电力系统广泛使用的防雷设备，它的作用是限制过电压幅值，保护电气设备的绝缘。避雷器与被保护设备并联，当系统中出现过电压时，避雷器在过电压作用下，间隙击穿，将雷电流通过避雷器、接地装置引入大地，降低了入侵波的幅值和陡度；过电压之后，避雷器迅速截断在工频电压作用下的电弧电流即工频续流，而恢复正常。

电力系统所使用的避雷器主要有管型避雷器、阀型避雷器和氧化锌避雷器三种。

1. 管型避雷器

管型避雷器由产气管、产气管内的间隙和外部间隙等三部分组成。产气管内的产气材料与电弧接触时，能产生气体。过电压时，管型避雷器的内、外部间隙相继击穿，雷电流通过间隙接地装置流入大地，将过电压降到一定的数值，达到保护设备绝缘的目的。当过电压过去之后，通过放电间隙的是电力系统的工频接地短路电流，其数值相当大，在管子内部间隙之间产生强烈的电弧，管子材料气化，压力升高，气体从管口喷出，纵吹灭弧，电弧熄灭，使管型避雷器接地部分与系统断开，恢复正常运行。

管型避雷器的伏秒特性较陡，动作后产生截波，对有绕组的设备（例如发电机、变压器）的绝缘不利，故一般用于输电线路的防雷保护。

2. 阀型避雷器

阀型避雷器的基本元件是火花间隙（或称放电间隙）和非线性特性的电阻片（俗称阀片，由 SiC 为主要原料绕结而成）。它们串联叠装在密封的瓷套管内，上部接电力系统，下部接接地装置。

当电力系统中出现危险的过电压时，火花间隙很快被击穿，大的冲击电流通过阀片流入大地。由于阀片电阻的非线性特性，通过大的冲击电流时，阀片的电阻变小，在阀片上产生的冲击压降较低，与被保护设备的绝缘水平相比，尚留有一定的裕度，使被保护物不致为过电压所损坏。过电压过去以后，避雷器处于电网额定电压下工作，冲击电流变成工频续流，其值较雷电冲击电流小得多，阀片电阻升高，进一步限制工频续流，在电流过零时熄弧，系统恢复正常状态。阀型避雷器主要分为普通阀型避雷器和磁吹阀型避雷器。阀型避雷器具有较好的保护特性，故作为发电厂、变电所的发电机、变压器等电气设备的主要防雷设备。

阀型避雷器在泄放雷电流时，由于阀片还有一定的电阻，在其两端仍会产生较高的电压，在这个高电压下会发生绝缘的击穿，对附近的工作人员产生伤害，且对于存在缺陷的避雷器，在雷雨天气还有爆炸的可能性，故工作人员应注意对避雷器危险性的防护。

3. 氧化锌避雷器

氧化锌避雷器是一种新型避雷器。这种避雷器的阀片以氧化锌（ZnO）为主要原料，附加少量能产生非线性特性的金属氧化物，经高温焙烧而成。

氧化锌阀片具有理想的非线性特性，当作用在阀片上的电压超过某一值（此值称为动作电压）时，阀片电阻很小，相当于导通状态。导通后的氧化锌阀片上的残压与流过它的电流基本无关，为一定值。而在工作电压下，流经氧化锌阀片的电流很小，仅为 1mA，实际上相当于绝缘，不存在工频续流；同时，这样小的电流不会使氧化锌阀片烧坏。因此，氧化锌避雷器的结构简单，不需要用串联间隙来隔离工作电压。

氧化锌避雷器具有优良的非线性特性、无续流、残压低、无间隙、体积小、重量轻、通流能力较强，可以用于直流系统，因此，氧化锌避雷器有很大的发展前途，将逐步取代有间隙的普通阀型避雷器。

三、雷电触电的人身防护

发电厂、变电所、输电线路等电力系统的电气设备及建筑物、配电装置等，都安装了尽可能完善的防雷保护，使雷电对电气设备及工作人员的威胁大大减小。考虑电力系统运行特点，工作人员及人们的正常生活的特殊性，根据雷电触电事故分析的经验，还必须注意雷电触电的防护问题，以保证人身安全。

1. 雷暴时，发电厂、变电所的工作人员应尽量避免接近容易遭到雷击的户外配电装置。在进行巡回检查时，应按规定的路线进行。在巡视高压屋外配电装置时，应穿绝缘鞋，并且不得靠近避雷针和避雷器。

2. 雷电时，禁止在室外和室内的架空引入线上进行检修和试验工作，若正在做此类工作时，应立即停止，并撤离现场。

3. 雷电时，应禁止屋外高空检修、试验工作，禁止户外高空带电作业及等电位工作。

4. 对输配电线路的运行和维护人员，雷电时，严禁进行倒闸操作和更换保险的工作。

5. 雷暴时，非工作人员应尽量减少外出。如果外出工作遇到雷暴时，应停止高压线路上的工作，并就近进入下列场所暂避：

（1）有防雷设备的或有宽大金属架或宽大的建筑物等；

（2）有金属顶盖和金属车身的汽车、封闭的金属容器等；

（3）依靠建筑物屏蔽的街道，或有高大树木屏蔽的公路，但最好要离开墙壁和树干8m以外。

进入上述场所后，切不要紧靠墙壁、车身和树干。

6. 雷暴时，应尽量不到或离开下列场所和设施：

（1）小丘、小山、沿河小道；

（2）河、湖、海滨和游泳池；

（3）孤立突出的树木、旗杆、宝塔、烟囱和铁丝网等处；

（4）输电线路铁塔，装有避雷针和避雷线的木杆等处；

（5）没有保护装置的车棚、牲畜棚和帐篷等小建筑物和没有接地装置的金属顶凉亭；

（6）帆布篷的吉普车，非金属顶或敞篷的汽车和马车。

7. 在旷野中遇着雷暴时，应注意：

（1）铁锹、长工具、步枪等不要扛在肩上，要用手提着；

（2）不要将有金属的伞撑开打着，要提着；

（3）人多时不要挤在一起，要尽量分散隐蔽；

（4）遇球雷（滚动的火球）时，切记不要跑动，以免球雷顺着气流追赶。

8. 雷暴时室内人员应注意以下事项：

（1）应尽量远离五线：电灯线、电话线、有线广播线、收音机一类的电源线和电视机天线等。

（2）不工作时，少打电话，不要戴耳机看电视。

（3）在无保护装置的房屋内，尽量远离梁柱、金属管道、窗户和带烟囱的炉灶。

（4）要关闭门窗，防止球雷随穿堂风而入。

第七章 电力系统作业安全技术

第一节 电气运行安全技术

一、电气设备倒闸操作

（一）倒闸操作

电气设备由一种状态转换到另一种状态，或改变电气一次系统运行方式所进行的一系列操作，称为倒闸操作。

倒闸操作的主要内容有：拉开或合上某些断路器或隔离开关，拉开或合上接地隔离开关（拆除或挂上接地线），取下或装上某些控制、合闸及电压互感器的熔断器，停用或加用某些继电保护和自动装置及改变设定值，改变变压器、消弧线圈组分接头及检查设备绝缘。

倒闸操作是一项复杂而重要的工作，操作正确与否，直接关系到操作人员的安全和设备的正常运行。如果发生误操作事故，其后果是极其严重的。因此，电气运行人员一定要树立“精心操作，安全第一”的思想，严肃认真地对待每一个操作。

（二）倒闸操作的一般原则

1. 电气设备投入运行之前，应先将继电保护投入运行。没有继电保护的设备不允许投入运行。

2. 拉、合隔离开关及合小车断路器之前，必须检查相应断路器在断开位置（倒母线除外）。因隔离开关没有灭弧装置，当拉、合隔离开关时，若断路器在合闸位置，将会造成带负荷拉、合隔离开关而引起短路事故。而倒母线时，母联断路器必须在合闸位置，其操作、动力熔断器应取下，以防止母线隔离开关在切换过程中，因母联断路器跳闸引起母线隔离开关带负荷拉、合刀闸。

3. 停电拉闸操作必须按照断路器→负荷侧隔离开关→母线侧隔离开关的顺序依次操作，送电合闸操作应按上述相反的顺序进行。严防带负荷拉、合刀闸。

4. 拉、合隔离开关后，必须就地检查刀口的开度及接触情况，检查隔离开关位置指示器及重动继电器的转换情况。

如在双母线接线中，同一线路的两母线隔离开关各自联动一个重动继电器，重动继电器的动合触点与母线电压互感器的二次侧相连，在倒母线过程中，当线路的两母线隔离开关均合上时，或一个母线隔离开关拉开后，该隔离开关联动的重动继电器不返回，使两母线电压互感器的二次侧，通过两重动继电器的触点并联，此时，若母联断路器跳闸，且两母线电压不完全相等，则两电压互感器二次侧流过环流，环流将二次侧熔断器熔断，造成保护误动或烧坏电压互感器，所以，操作线路隔离开关，应检查重动继电器转换情况。

5. 在倒闸操作过程中，若发现带负荷误拉、合隔离开关，则误拉的隔离开关不得再合上，误合的隔离开关不得再拉开。

6. 油断路器不允许带工作电压手动分、合闸（弹簧机构断路器，当弹簧储能已储备好，可带工作电压手动合闸）。带工作电压用机械手动分、合油断路器时，因手力不足，会形成断路器慢分、慢合，容易引起断路器爆炸事故。

7. 操作中发生疑问时，应立即停止操作，并将疑问汇报给发令人或值班负责人，待情况弄清楚后，再继续操作。

（三）倒闸操作安全技术

1. 隔离开关操作安全技术

（1）手动合隔离开关时，先拔出连锁销子，开始要缓慢，当刀片接近刀嘴时，要迅速果断合上，以防产生弧光，但在合到终了时，不得用力过猛，防止冲击力过大而损坏隔离开关绝缘子。

（2）手动拉闸时，应按“慢—快—慢”的过程进行。开始时，将动触头从固定触头中缓慢拉出，使之有一小间隙；若有较大电弧（错拉），应迅速合上；若电弧较小，则迅速将动触头拉开，以利灭弧；拉至接近终了，应缓慢，防止冲击力过大，损坏隔离开关绝缘子和操作机构。操作完毕应锁好销子。

（3）隔离开关操作完毕，应检查其开、合位置、三相同期情况，以及触头接触插入深度均应正常。

2. 断路器操作安全技术

高压断路器采用控制开关或微机远方电动合闸。用控制开关远方电动分闸时，先将控制开关顺时针方向扭转90°至“预合闸”位置；待绿灯闪光后，再将控制开关顺时针方向扭转45°至“合闸”位置；当红灯亮、绿灯灭后，松开控制开关，控制开关自动反时针方向返回45°，合闸操作完成。

用控制开关远方电动分闸时，先将控制开关反时针方向扭转90°至“预分闸”位置；待红灯闪光后，再将控制开关反时针方向扭转45°至“分闸”位置；当红灯灭、绿灯亮后，松开控制开关，控制开关自动顺时针方向返回45°，完成分闸操作。

应该注意的是：操作控制开关时，操作应到位，停留时间以灯光亮或灭为限，不要过快松开控制开关，防止分、合闸操作失灵；操作控制开关时，不要用力过猛，以免损坏控制开关。

断路器操作完毕，应检查断路器位置状态。判断断路器分、合闸实际位置的方法是：检查有关信号及测量仪表指示，作为断路器分、合闸位置参考判据；检查断路器机械位置指示器，根据机械位置指示器分、合位置指示，确认断路器实际分、合闸位置状态；检查断路器分、合闸弹簧状态及传动机构水平拉杆或外拐臂的位置变化，在机械位置指示器失灵情况下，也能确认断路器分、合闸实际位置状态。

（四）倒闸操作注意事项

1. 倒闸操作必须2人进行，1人操作，1人监护。

2. 倒闸操作必须先在一次接线模拟屏上进行模拟操作（用微机操作的不做此规定），核对系统接线方式及操作票正确无误后方可正式操作。

3. 倒闸操作时，不允许将设备的电气和机械防误操作闭锁装置解除，特殊情况下如需解除，必须经值长（或值班负责人）同意。

4. 倒闸操作时，必须按操作票填写的顺序，逐项唱票和复诵进行操作，每操作完一项，应检查无误后做一个“√”记号，以防操作漏项或顺序颠倒。全部操作完毕后进行复查。

5. 操作时，应戴绝缘手套和穿绝缘靴。

6. 遇雷电时，禁止倒闸操作。雨天操作室外高压设备时，绝缘棒应有防雨罩。

7. 装、卸高压熔断器时，应戴护目镜和绝缘手套，必要时使用绝缘夹钳，并站在绝缘垫或绝缘台上。

8. 装设接地线（或合接地刀闸）前，应先验电，后装设接地线（或合接地刀闸）。

9. 电气设备停电后，即使是事故停电，在未拉开有关隔离开关和做好安全措施前，不得触及设备或进入遮栏，以防突然来电。

（五）防止电气误操作措施

防止电气误操作的措施包括组织措施和技术措施两方面。

1. 防止误操作的组织措施

防止误操作的组织措施是建立一整套操作制度，并要求各级值班人员严格贯彻执行。组织措施有：操作命令和操作命令复诵制度；操作票制度；操作监护制度；操作票管理制度。

（1）操作命令和操作命令复诵制度

指值班调度员或值班负责人下达操作命令，受令人重复命令的内容无误后，按照下达的操作命令进行倒闸操作。

发电厂、变电站的倒闸操作按系统值班调度员或发电厂的值长、变电站的值班长的命令进行。属于电力系统管辖的电气设备，由系统值班调度员向发电厂的值长、变电站的值班长发布操作令；不属于系统值班调度员管辖的电气设备，则由发电厂的值长向电气值班长发布操作令，再由电气值班长向下属值班员发布操作令。其他人员均无权发、受操作令。

为了避免操作混乱，一个操作命令，只能由一个人下达，每次下达的操作命令，只能给一个操作任务，执行完毕后，再下达第二个操作命令，受令人不应同时接受几项操作命令。

为了避免受令人受令时发生错误，发令人发布命令应准确、清晰，使用正规操作术语和设备双重名称（设备名称和编号）；受令人接到操作命令后，应向发令人复诵一遍，经发令人确认无误并记入操作记录表中。为避免操作错误，值班调度员发布命令的全过程（包括对方复诵命令）和听取命令的报告，都要录音并做好记录。

（2）操作票制度

凡影响机组生产（包括无功）或改变电力系统运行方式的倒闸操作及其他较复杂操作项目，均必须填写操作票，这就是操作票制度。操作票制度是防止误操作的重要组织措施。

电气设备的倒闸操作种类繁多，内容极广，操作方法和操作步骤各不相同，如果值班人员不使用操作票进行操作，就容易发生误操作事故。如果正确填写操作票，将操作项目依次填写在操作票上，按票进行操作，就可避免发生误操作。

（3）操作监护制度

倒闸操作由2人进行，1人操作，1人监护，操作中进行唱票和复诵，这就是操作监护制度。操作监护制度也是防止误操作的重要组织措施之一。

倒闸操作时，监护人按照操作票顺序逐项向操作人发布操作命令，直至全部操作完毕。监护人每发出一项操作令后，操作人应复诵一遍，并按操作令检查对照设备的位置、名称、编号、拉合方向，经监护人检查无误，在监护人下达动令“对，执行”后，操作人才可操作。监护人始终监护操作人的每一操作动作，发现错误立即纠正，所以，操作监护制度也是对操作人员采取的一种保护性措施。

为了防止操作漏项，顺序颠倒，每操作完一项，在该项做一个“√”记号。全部操作完毕复查无误后，将操作任务、要点和时间记录在值班记录表内。

（4）操作票管理制度

该制度包括以下内容：操作票编号（含微机开票编号）并按顺序使用，操作票执行后的管理与检查，操作票合格率的统计及错误操作票的分析等。这是保证操作票及操作监护制度认真执行的一项措施。

2. 防止误操作的技术措施

实践证明，单靠防误操作的组织措施，还不能最大限度地防止误操作事故的发生，还必须采取有效的防误操作技术措施。防误操作技术措施是多方面的，其中最重要的是采用防误操作闭锁装置。防误操作闭锁装置有机械闭锁、电气闭锁和电磁闭锁三种。

（1）防误操作闭锁装置的功能

电气一次系统进行倒闸操作时，误操作的对象主要是隔离开关及接地隔离开关，主要有以下三种：

①带负荷拉、合隔离开关；

②带电合接地隔离开关；

③带接地线合隔离开关。

为防止误操作，对于手动操作的隔离开关及接地隔离开关，一般采用电磁锁进行闭锁；对于电动、气动、液压操作的隔离开关，一般采用辅助触头或继电器进行电气闭锁。若隔离开关与接地隔离开关装在一起，则它们之间采用机械闭锁。

由上述可知，配电装置装设的防误操作闭锁装置应具备以下五防功能：

①防止带负荷拉、合隔离开关；

②防止带地线合闸；

③防止带电挂接地线（或带电合接地隔离开关）；

④防止误拉、合断路器；

⑤防止误入带电间隔。

对于室外配电装置应能达到上述前四项，对于室内配电装置应达到上述五项。

（2）机械闭锁

机械闭锁是靠机械制约达到闭锁目的一种闭锁。如两台隔离开关之间装设机械闭锁，当一台隔离开关操作后，另一台隔离开关就不能操作。

由于机械闭锁只能和装在一起的隔离开关与接地隔离开关之间进行闭锁，所以，如需与断路器、其他隔离开关或接地隔离开关之间进行闭锁，则只能采用电气闭锁。

（3）电气闭锁

电气闭锁是靠接通或断开控制电源而达到闭锁目的的一种闭锁。当闭锁的两电气元件相距较远或不能采用机械闭锁时，可采用电气闭锁。

3. 防止误操作的实施措施

为防止电气误操作，确保设备和人身安全，确保电网安全稳定运行，特拟定以下防止电气误操作的实施措施。

（1）加强“安全第一”思想教育，增强运行人员责任心，自觉执行运行制度。

（2）健全完善防误操作闭锁装置，加强防误操作闭锁装置的运行管理和维护工作。凡高压电气设备都应加装防误操作闭锁装置（少数特殊情况经上级主管部门批准，可加装机械锁）。闭锁装置的解锁用具（包括钥匙）应妥善保管，按规定使用，不许乱用。机械锁要一把钥匙开一把锁，钥匙要编号，并妥善保管，方便使用。所有投运的闭锁装置（包括机械锁）不经值班调度员或值长的同意，不得擅自解除闭锁装置（也不能退出保护）进行操作。

（3）杜绝无票操作。根据规程规定，除事故处理、拉合开关的单一操作、拉开接地隔离开关、拆除全厂（站）仅有的一组接地线外，其他操作一律要填写操作票，凭票操作。

（4）把好受令、填票、三级审查三道关。下达操作命令时，发令人发令应准确、清晰，受令人接受操作命令时，一定要听清、听准，复诵无误并做记录；运行值班人员接受操作命令后，按填票要求，对照系统图，认真填写操作票，操作票一定要填写正确；操作票填写好后，一定要经过三级审查。即：填写人自审，监护人复审，值班负责人审查批准。

（5）操作之前，要全面了解系统运行方式，熟悉设备情况，做好事故预防。

（6）正式操作前，要先进行模拟操作。模拟操作时，操作人和监护人一起，对照一次系统模拟图，按操作票顺序，唱票复诵进行模拟操作，通过模拟操作，细心核对系统接线，核实操作顺序，确认操作票正确合格。

（7）严格执行操作监护制度，确实做到操作“四个对照”。倒闸操作时，监护人应认真监护，对于每一项操作，都要做到对照设备位置、设备名称、设备编号、设备拉、合方向。

（8）严格执行操作唱票和复诵制度。操作过程中，每执行一项操作，监护人应认真唱票，操作人应认真复诵，结合四个对照，完成每项操作，全部操作完毕，进行复查。克服操作中的依赖思想、无所谓的思想、怕麻烦的思想、经验主义和错误的习惯做法。

（9）厂用电操作应做到下述要求：

①受令复诵并做记录；

②遵守 1 人操作，1 人监护的原则；

③操作时认真检查设备状态，小车断路器上、下触头无异物；

④厂用负荷停送电时，小车断路器控制熔断器的拆、装，应按先取后装的原则进行。

（10）操作过程中，如若发生异常或事故，应按电气运行规程处理原则处理，防止误操作扩大事故。

（11）备用设备定期试验操作，按要求做好联系和检查工作，操作人员应清楚有关注意事项。

（12）凡挂接地线，必须先验电，验明无电后，再挂接地线。防止带电挂接地线或带电合接地刀闸。

（13）完善现场一、二次设备及间隔编号，设备标志明显醒目。防止错走带电间隔，防止误操作和发生触电事故。

（14）重大的操作（如发电机开机、倒母线），运行主任、运行技术人员、安全员均应到场，监督和指导倒闸操作。

（15）加强技术培训，提高运行人员素质和对设备的熟悉程度及操作能力。

（16）开展防事故演习，提高运行人员判断和处理事故的能力。结合运行方式，做好事故预防，提高运行人员应变能力。

（17）做好运行绝缘工具和操作专用工具的管理及试验。运行绝缘工具应妥善管理并定期进行绝缘试验，使其经常处于完好状态，防止因绝缘工具不正常而发生误操作事故；操作专用工具（如摇把），在操作使用后，不得遗留现场，用后放回指定位置，严禁用后乱丢或用其他物件代替专用工具。

二、电气设备运行维护安全技术

电气设备的运行维护是运行值班人员的主要任务之一。在运行维护工作中（巡视检查、缺陷处理、设备维护保养等），为保证值班人员人身及设备安全，运行值班人员应遵守电气设备运行维护的有关规定和注意事项。

（一）巡视检查一般规定

1. 巡视高压设备时，不论设备停电与否，值班人员不得单独移开或越过遮栏进行工作。若有必要移开遮栏时，必须有监护人在场，并符合安全距离的规定。

2. 巡视中发现高压带电设备发生接地时，室内值班人员不得接近故障点 4m 以内，室外不得接近故障点 8m 以内。进入上述范围人员必须穿绝缘靴，接触设备的外壳和架构时，应戴绝缘手套。

3. 雷雨天气，需要巡视室外高压设备时，应穿绝缘靴，并不得靠近避雷针，以防雷击泄放的雷电流产生危险的跨步电压对人体的伤害，防止避雷针上产生的高电压对人的反击，防止有缺陷的避雷器雷击时爆炸对人体的伤害。

（二）电气设备运行维护注意事项

1. 发电机（调相机）

对运行中的发电机（调相机），运行维护应注意下列事项。

（1）巡视检查及维护时，应穿工作服、绝缘鞋、戴安全帽。

（2）调整、清扫电刷及滑环时，应由有经验的人员担任，并遵守下列规定：

①工作人员必须特别小心，以防衣服及擦拭材料被设备挂住，扣紧袖口，发辫应放在帽内，防止衣服、发辫被绞住。

②工作时站在绝缘垫上（该绝缘垫为常设固定型绝缘垫），不得同时接触两极或一极与接地部分，也不能两人同时进行工作。当励磁系统发生一点接地时，尤其应特别注意。

③更换电刷时，要防止电刷掉到励磁机的整流子上造成短路。

④在发电机氢气区域巡视检查、维护时，严禁穿有铁钉、铁掌的皮鞋，防止铁器打火引起氢爆。

⑤测量轴电压和在转动着的发电机上用电压表测量转子绝缘的工作，应使用专用电刷，电刷上应装有300mm以上的绝缘柄。

2. 高压电动机

(1) 巡视高压电动机时，不得轻易将电动机的防护罩取下，不得用手触摸电动机定子绕组、引出线、电缆头及转子、电阻回路。

(2) 运转中的电动机，为防止水和灰尘进入内部，不能用帆布和塑料布等软织物遮盖，以免绞入。

(3) 禁止在转动着的高压电动机及其附属装置回路上进行工作。必须在转动着的电动机转子电阻回路上进行工作时，应先提起炭刷或将电阻完全切除。工作时要戴绝缘手套或使用有绝缘把手的工具，穿绝缘鞋或站在绝缘垫上。维护炭刷注意事项与发电机相同，研磨滑环或整流子时，应戴护目镜，袖口应扎紧。

(4) 高压电动机的启动装置装在潮湿的工作场所时，手动启动或停止时，应戴绝缘手套或站在绝缘台上进行。

(5) 电动机及启动装置的外壳均应接地，巡视时应检查接地良好，禁止在转动中的电动机的接地线上进行工作。

(6) 异步电动机启动时应注意下列事项。

①启动大、中容量的电动机应事先通知值长和值班长，采取必要措施，以保证顺利启动。如几台电动机共用一台变压器，应按容量由大到小，按顺序一台一台地启动。

②电动机启动应严格执行规定的启动次数和启动间隔时间，避免频繁启动，尽量减少启动次数，以免影响电动机使用寿命、烧坏电动机或多次启动影响其他电动机的运行。正常情况下，笼型电动机在冷态下允许启动2次，每次间隔时间不小于5min，热态下允许启动1次。大容量电动机启动间隔时间不小于0.5h；事故情况下及启动时间不超过2—3s的笼型电动机，允许比正常情况多启动1次；电动机作动平衡试验时，启动间隔时间为：200kW以下电动机，不小于0.5h；200~500kW电动机，不小于1h；500kW以上的电动机，不小于2h。

③电动机启动时，应按电流表监视启动全过程。启动过程结束后，应检查电动机的电流是否超过额定值，必要时应根据情况对电动机本体及所带的机械负载进行检查及调整。

④电动机接通电源后，转子不转或转速很慢，声音不正常，传动机械不正常，启动升

速过程中，在一定时间内电流表指示迟迟不返回至正常值，应立即切断电源进行检查，待查明原因并排除故障后，方可重新启动。

⑤启动后电动机冒烟，强烈振动或着火，应切断电源，停止运行。

⑥新装或检修后的电动机初次启动时，应注意转向与设备上标定的方向一致，否则应停电纠正。

3. 高压断路器

（1）油断路器运行维护注意事项

①检查油位应在允许范围内。油位过高或过低均影响断路器正常运行，甚至引起断路器喷油或爆炸，危及设备和人身安全。

②检查油色应透明不发黑，否则将影响断路器的开断能力，影响系统安全运行。

③检查渗、漏油及绝缘子情况。渗、漏油使断路器表面形成油污，一方面有侵蚀作用；另一方面降低绝缘子表面绝缘强度。绝缘子应清洁、完好、无破损、无裂纹、无放电痕迹。

④当气温变冷时，要及时使用加热器。油温降低到其凝固点时，黏度增加，断路器开合速度减慢，遮断能力下降，开断负荷电流或短路电流时，可能引起断路器爆炸。

⑤检查断路器辅助开关触点状况，发现触头在轴上扭转、松动或固定触片脱落等现象时，应紧急抢修。

⑥巡视室内高压开关柜时，不要随意打开开关柜的门，如果向人介绍，注意保持安全距离，防止高压电击。

（2）SF6 断路器及 GIS 组合电器运行维护注意事项

①设备投入运行之前，应检验设备气室内 SF_6 气体水分和空气含量。SF_6 气体中的水分会给 SF_6 断路器带来两方面的危害，其一，水分对 SF_6 气体绝缘强度影响不大，但在绝缘件（如绝缘拉杆）表面凝露，大大降低绝缘件沿面闪络电压；其二，在电弧作用下，水分参与 SF_6 气体的分解反应，生成腐蚀性很强的氟化氢等分解物，这些分解物对 SF_6 断路器内的零部件有腐蚀作用，降低绝缘件的绝缘电阻和破坏金属件表面镀层，使设备严重损伤。在 SF_6 断路器中，SF_6 气体含水分越多，生成的有害分解物越多。故应严格控制 SF_6 气体中水分的含量，从而提高 SF_6 断路器运行的可靠性。

②SF6 设备运行后，每三个月检查一次 SF_6 气体含水量，直至稳定后，方可每年检测一次含水量。SF_6 气体有明显变化时，应请上级复核。

③运行人员进入 SF_6 配电装置室巡视时，应先通风 15min，并用检漏仪测量室内 SF_6

气体含量。考虑 SF_6 气体有害分解物的泄漏逸出，尽量避免一人进入 SF_6 配电装置室进行巡视（长时间吸入高浓度 SF_6 气态分解物，会引起肺组织的急剧水肿而导致窒息）。

④工作人员不准在 SF_6 设备防爆膜附近停留，若在巡视中发现异常情况，应立即报告，查明原因，采取有效措施进行处理。

（3）真空断路器运行维护注意事项

真空断路器在巡视检查应特别注意检查灭弧室漏气情况。正常情况下，真空玻璃泡清晰，屏蔽罩内颜色无变化，开断电路时，分闸弧光呈微蓝色。当运行中屏蔽罩出现橙红色或乳白色辉光，则表明真空失常，应停止使用，并更换灭弧室，否则将引起不能开断的事故。

4. 变压器

（1）巡视检查重点检查项目

变压器运行时，应按变压器巡视检查项目进行检查，其中，应重点检查下列项目：

①变压器的油位及油色。油对变压器起绝缘和散热作用，油位、油色影响变压器的安全运行。

②上层油温。变压器的绝缘受其内部温度的控制，当上层油温超过额定值，则绕组的绝缘加速老化，使用寿命缩短。为此，只要上层油超过允许值，就一定要查找原因，并即时处理。

③运行声音。正常运行发出连续均匀的“嗡嗡……”声。若听到不正常的异常响声，如不连续、较大的“嗡嗡……”声；油箱内“啪啪”放电声或特殊翻滚声；油箱内发出“叮叮当当”声等，则说明变压器运行不正常（存在故障或缺陷）。

④套管状况。套管应完好，无破损、无裂纹、无放电痕迹。

⑤冷却系统。风扇、潜油泵声音应正常，风向和油的流向应正确。冷却装置故障，不仅应观察油温，还应注意变压器运行的其他变化，综合判断变压器运行状态。

⑥硅胶颜色。呼吸器中的硅胶若变红，应更换硅胶，否则变压器进潮，影响变压器绝缘。

⑦防爆门隔膜状况。防爆门隔膜应完好、无破裂，否则变压器进潮、进水影响绝缘。

⑧接地线。外壳接地线完好、无锈蚀，铁芯接地线经小套管引出接地完好。

⑨异常气味。变压器故障及各附件异常，如高压导电连接部位松动、风扇电机过热等发出焦煳味。

（2）变压器过负荷运行特别注意事项

①密切监视变压器绕组温度和上层油温。

②启动变压器的全部冷却装置，在冷却装置存在缺陷或效率达不到要求时，应禁止变压器过负荷运行。

③对有载调压的变压器，在过负荷程度较大时，应尽量避免用有载调压装置调节分接头。

5. 互感器

互感器的运行维护应注意下列几点：

（1）注意运行的声音。正常运行应无声音，若发现内部有严重放电声和异常响声，互感器应退出运行。

（2）发现本体过热、向外喷油或爆炸起火，应立即退出运行。

（3）运行维护时，要防止电流互感器二次开路，二次开路危及二次设备和人身安全。

（4）运行中，应防止工作人员将电压互感器二次短路，如在电压端子上测量时，不要引起电压端子短路，电压互感器二次短路会烧坏其二次绕组。

6. 并联电抗器

在超高压输电线路上装有并联电抗器，用于补偿超高压线路的电容和吸收其电容功率，防止电网轻负荷时因容性功率过多引起电压升高。并联电抗器运行中应注意下列几点：

（1）投入和退出，应严格按调度命令执行。

（2）只经隔离开关投入线路的并联电抗器，在拉、合其隔离开关之前，必须检查线路确无电压，防误操作回路应有效闭锁，拉、合操作应在线路电压互感器二次小开关合上情况下进行。

（3）电抗器运行中的油位及油的温升，应与其无功负荷相对应。在正常运行中，上层油温不宜长期超过 85℃。

（4）定期测量油箱表面、附件的温度分布，油箱及附件温升不超过 80℃，发现异常，应分析原因并处理。

（5）当电抗器运行告警，或出现系统异常、气候恶劣或其他不利的运行条件时，应进行特殊巡视检查。

7. 避雷针和避雷线

避雷针和避雷线是将雷电引入自身，然后将雷电流经良导体入地，利用接地装置使雷击电压幅值降到最低。这就要求在运行维护中，应注意检查雷电流导通回路和集中接地装置的接地电阻值。

（1）严密观察和检查避雷针和避雷线的外表和机械状况。因避雷针和避雷线处于高空，长年受风力作用，产生高频摆动或振动，容易疲劳拆断坠落，故应检查其外表和机械状况。

（2）定期开挖检查地中接地扁钢的腐蚀情况。雷电流导通回路（构架）与接地装置之间用扁钢连接，扁钢埋在地中，容易腐蚀，影响雷电流安全入地和避雷效果，故应检查地中扁钢腐蚀情况。

（3）测量接地装置接地电阻。独立避雷针集中接地装置的接地电阻，要求小于10Ω。变电站设备区内的构架避雷针或避雷线的集中接地体一般与接地网接死。其接地电阻与主接地网一同测量，主网接地电阻值应满足要求。

8. 避雷器

不论避雷器内部受潮，还是避雷器电阻片老化，都反映在运行中避雷器泄漏电流增加，所以需在运行中进行仔细检查和试验发现早期故障。避雷器运行维护应注意下列几点：

（1）新投运和运行中的避雷器按规程规定项目定期做试验。

（2）检查运行中避雷器接地引下扁钢连接是否良好。

（3）定期清扫避雷器的电瓷外绝缘的污秽。

（4）雷雨季节，注意巡视放电计数器的动作情况，并记录动作次数。

9. 接地装置

接地装置的运行维护应注意下列事项：

（1）检查设备接地引下线与设备接地构架连接是否良好。用螺栓连接时，应有防松帽或防松垫片，焊接搭接长度为扁钢宽度的2倍。接地引下线在地面上的部分到地面下几厘米处，应有完善的防腐措施。

（2）用导通法检查接地线的通断。电气设备与接地装置的电气连接应良好，定期检查接地引下线靠近地表层部分的腐蚀情况，必要时应更换接地引下线。

（3）当系统短路容量增大或发现接地网导体已严重腐蚀时，需进行接地网接地电阻测量和导体截面热稳定校核，必要时适当增加接地网导体的截面积。

（4）运行中定期测量接地装置的接地电阻。

第二节 电力线路工作安全技术

一、电力线路的作用及安全要求

（一）电力线路的作用

电力线路分为输电线路和配电线路。输电线路指升压变电站与一次降压变电站之间的线路，或一次降压变电站与二次降压变电站之间的线路，而二次降压变电站至用户间的线路称为配电线路。

电力线路按架设形式的不同，又分为架空输电线路和地下电缆线路。目前高压输电和乡村配电都采用架空线路，而地下电缆线路只用于高压引入线、水下线路、发电机出线和城市配电线路。

发电厂生产的电能与用户的用电是随时平衡的，发电厂生产的电能必须通过不同电压等级的变电站和输、配电线路，将电能送至用户家中。

（二）电力线路的安全要求

1. 架空线路安全要求

架空线路由基础、杆塔、导（地）线、绝缘子、金具和接地装置组成。它在安全方面的要求如下：

（1）绝缘强度

架空线路必须有足够的绝缘强度，应能满足相间绝缘及对地绝缘之要求。架空线路的绝缘除能保证正常工作外，要能满足接地过电压及各种操作过电压的要求，特别是要能经受大气过电压的考验。为此，架空线路应保持足够的线间距离，并采用相应电压等级的绝缘子予以架设。

（2）机械强度

架空线路的机械强度很重要，它不但要能担负它本身质量所产生的拉力，而且要能经得起风、雪、覆冰等负荷，以及由于气候影响，使线路张弛度变化而产生的内应力。为此，架空线必须有足够大的截面，导线的机械强度安全系数不低于2.5~3.5，应当注意，移动设备一定要采用铜芯软线，而进户线和用绝缘支持件敷设的导线一般不应采用软线。

（3）导电能力

按导电能力的要求，导线的截面必须满足运行发热和运行电压损失的要求。前者主要受最大持续负荷电流的限制，如果负荷电流太大，导线将过度发热，可能引起导线熔断停电或着火事故。后者主要是指线路运行时消耗在线路上的电压降，如果线路电压降太大，则用电设备将得不到合格的电压，不能正常运行，也可能因此造成事故。为此，线路运行时，应监视其运行温度，使其运行温度不超过规定值（一般裸导线、橡皮绝缘导线不超过70℃，塑料绝缘导线不超过65℃）。

2. 电缆线路安全要求

（1）电缆金属外表应两端接地

单芯电缆由于涡流和磁滞损耗的影响使电缆发热较大，影响功率的传输。因此，其外表不装钢铠，而采用铅包。若铅皮对地绝缘，则运行时铅皮将由静电电荷产生高电压，这种高电压有对人造成触电伤害的危险。为了消除单芯电缆铅皮上的静电电荷，铅皮应接地。单芯电缆一般采取两端同时接地，这是因为，当一端接地时，距接地端越远的地方，铅皮上感应的电压越高，这不仅危及人的安全，而且，电缆的铅皮与铅皮之间，电缆铅皮与地之间发生偶然的接触，将产生电弧，使铅皮损坏。但是，单芯电缆两端同时接地，电缆铅皮上将有感应电流流过，这样使电能损失增加，电缆温度升高，影响电缆的输送能力。

（2）电缆支架应接地

当电缆的外皮是非金属的，如塑料、橡胶或类似材料的外皮，则其支架必须接地。金属外皮电缆与大地一般有良好的接触，其支架不需接地。

（3）电缆隧道中应避免有接头

电缆接头是电缆中绝缘最薄弱的地方，大部分电缆故障也都发生在接头处。为防止电缆故障引起火灾，应避免在电缆隧道中做接头，如果必须在隧道中安装中间接头，则应采取防火隔离措施，将电缆接头与其他电缆隔开。

（4）电缆应有双重称号

电缆线路的名称应用双重称号，以便查明该线路的方向与用途。如在发电厂中，某电缆的双重称号为：1 号炉甲送风机至 6kV 一段。它表明了该电缆的用途是用于 1 号炉甲送风机，该电缆的走向是从 1 号炉甲送风机至 6kV 一段的配电柜（配电柜上标有该设备的名称）。在敞开敷设的电缆线路上，除了在电缆两端挂双重称号的标示牌外，在电缆线路上，每隔 20~30m 挂双重称号的标示牌。

二、架空线路架设安全技术

（一）线路器材的安全运输

架空线路施工架设时，线路器材，如杆材、塔材、导线、地线、金具、绝缘子等，均需由基地运往施工线路沿线的各指定地点（即大运），然后再由人工或运输工具将线路器材运往各杆塔基础附近（即小运））。在线路器材大、小运过程中，常出现客货混装、酒后开车、夜间行车等情况，并发生碰伤、砸伤、扭伤，乃至人身死亡事故。

（二）杆塔基础的安全挖坑

挖坑是架空线路施工架设中的一项基本工作，杆塔基坑是否符合要求，直接关系杆塔基础的稳固性。为保证杆塔基坑的开挖质量和挖坑人员的人身安全，以及不发生与开挖基坑相关的其他事故，挖坑时的安全注意事项如下：

1. 土坑的挖掘

（1）保护好地下设施

挖坑前，必须与有关地下管道、电缆的主管单位取得联系，明确地下设施的确切位置（如水、热、油、气管道及电信电缆等，在地下的确切方位、深度、尺寸、走向，并画出有关纵横面草图），做好防护措施。对外单位施工人员，在开工前应将有关情况交代清楚，并派技术人员在现场进行指导和监督。

（2）挖掘土坑时

其坑壁应有适当的坡度，以便于测量、立杆和回填土工作。坑的坡度是由土壤的安息角决定的，挖出的土壤应堆在离坑边 0.5m 以外，同时不得妨碍测量工作和基础施工及杆塔的起立等工作，但也不要堆积太远，以免回填土时多费工作量。

（3）在超过 1.5m 深的坑内工作时

抛土要特别注意，防止土石回落坑内。当坑深超过 1.5m 时，向外抛土较为困难，而且坑沿积土较多，容易引起土石回落伤人，因此，无论土坑或石坑，抛出的土石都应运出坑沿 0.3m 以外。

（4）在松软土地挖坑时

应有防止塌方措施，如加挡板、撑木等，禁止由下部掏挖土层。在松软土质挖坑，坑深超过一定高度后，坑壁容易坍塌，所以，每掘进一定深度即应加挡木板或打撑木，采取防塌方措施。注意不得在松软土质的基坑中掏底，挖成口小底大的深坑。在线路经过有流沙和淤泥的地区时，泥沙和淤泥的基坑开挖比较困难，坑壁极易坍塌，一边挖坑，一边应装设挡土板。

（5）在居民区及交通道路附近挖基坑时

因行人及车辆来往频繁，可能发生伤人及交通事故，所以，应加装牢固的坑盖或设置可靠的围栏，夜间应挂红灯。在农村及市郊有行人的道路上挖坑时，还应设置适当标志，并通报周围居民，以免引起人身伤亡。

2. 硬质土壤或石坑的挖掘

（1）进行石坑、冻土坑打眼时

应检查锤把、锤头及钢钎子。打锤人应站在扶钎人侧面，严禁站在对面，并不得戴手套，扶钎人应戴安全帽。钎头有开花现象时，应更换修理。

（2）用爆破方法进行挖坑时

应熟悉爆破方法及遵守爆破有关注意事项。当线路基坑处于岩石地带时，必须采用爆破方法进行挖坑，为了加快施工进度，硬质土坑、冻土坑也可采用爆破方法。对于参加爆破挖坑的作业人员，必须掌握有关基本常识，熟悉爆破器材性质、性能和使用方法，并掌握爆破工作的有关要求和注意事项。

杆塔组立按施工方法的不同，可分为分解组立和整体组立两种。

（三）杆塔分解组立

非拉线铁塔由于受铁塔基础形式和施工条件的限制，一般采用分解组立的方法装配铁塔，即装配铁塔时，先在地面将铁塔按节组装成片，然后从塔基开始，将塔片组装成一节整体，依此方式，按节在地面分片组装，并依次按节吊装塔片装配铁塔，直至塔体全部分解组立完毕。有关杆塔分解组立安全事项分述如下。

1. 地面组装

（1）平整组装场地，消除组装场地障碍物。

（2）组装塔片时，在成堆的角钢中选料应由上往下搬动，不得强行抽拉。

（3）组装断面宽大的塔身时，在竖立的构件未连接牢固前，应采取临时固定措施。

（4）组装时，严禁将手指伸入螺孔找正。

（5）组装时，传递小型工具或材料不得抛掷。

（6）分片组装铁塔时，塔片的带铁部件应能自由活动，螺帽应出扣；自由端朝上时，应绑扎牢固。

2. 杆塔分解组立

（1）吊装方案和现场布置应符合施工技术措施的规定；工器具不得超载使用。

（2）钢丝绳与铁件绑扎处应衬软物。

（3）塔片就位时应先低侧后高侧；主材和侧面大斜材未全部连接牢固前，不得在吊件上作业。

（4）组装铁塔用的抱杆提升前（组装一节提升一次），应将提升腰滑车处及其以下塔身的辅材装齐，并拧紧螺栓。

（5）铁件及工具严禁浮搁在杆塔及抱杆上。

（6）临时拉线的设置应遵守下列规定：

①使用钢丝绳，单杆（塔）不少于4根，双杆（塔）不少于6根；

②绑扎工作由技工担任；

③一根锚桩上的临时拉线不得超过二根；

④未绑扎固定前不得登高。

（四）杆塔整体组立

钢筋混凝土电杆和窄身拉线铁塔一般采用整体组立。

当电杆或铁塔在地面组装完毕整体立杆时，要做好各方面的准备工作和安全工作，它关系到立杆的速度、质量及安全，现场施工人员必须有足够的认识。

1. 起立杆塔的准备工作

（1）立杆前应选择具有足够强度，操作灵活，使用方便，且合格的立杆设备和工具，如地锚、抱杆、牵引设备（如绞磨）、滑轮、钢丝绳、U形环、制动器、锹、镐等，立杆所必需的设备和工具，使用时严禁过载。

（2）立杆前，每基杆坑应开好“马道”，立杆用的地锚坑按要求尺寸挖掘好，与地锚横木接触的坑壁应保持垂直，其下部挖一个放置地锚横木的土槽，埋入地锚应保持与牵引力方向垂直，其引出钢绳套之“马道”一般不应小于45°，双杆两个“马道”的深度和坡度应一致。

（3）立杆用的人字抱杆长度及根开（根开指人字抱杆两抱杆脚之间的距离），根据现场实际情况确定，以起立过程抱杆与杆身不碰撞为原则，但两根抱杆的根部应保持在同一水平上；抱杆支立在松软土质处时，其根部应有防沉措施，抱杆支立在坚硬地面上时，其根部有防滑措施。

（4）用抱杆立杆、撤杆时牵引地锚距杆塔基础中心的距离，一般为杆塔高度的1.2~1.5倍，而且要保证底滑轮、中心桩、制动器三点成一直线（即保证主牵引绳、杆塔中心、尾绳、抱杆顶在一条直线上）。

（5）制动器要求操作灵活方便，制动绳应固定在电杆根部，并且应和杆身保持平行，以免电杆弯曲变形或造成裂纹。

（6）在杆塔上系好晃绳和尾绳，防止立杆过程中杆塔的斜倒。

（7）起吊前杆塔螺栓必须紧固，受力部位不得缺少铁件。无叉梁或无横梁的门型杆塔起立时，应在吊点处进行补强，两侧用临时拉线控制。

2. 立杆过程中安全注意事项

参加立杆作业的人员较多且分散，设备器材使用情况不一，故不安全的因素较多，为防止立杆过程中发生人身伤害事故，当采用抱杆立杆时，凡参加立杆作业的人员应注意下列安全事项。

（1）杆塔起立准备工作完成之后，在杆塔整体起立之前，应严格检查杆塔的组装质量，起立工具、设备安放位置是否符合要求，施工人员应明确分工，详细交代工作任务、操作方法及注意事项，立杆作业人员均匀分配在电杆两侧。

（2）立杆作业人员应穿工作服，戴安全帽，穿工作鞋。

（3）整体立杆的所有施工人员，必须听从专人的统一指挥。整体立杆不仅工序、技术实施复杂，劳动强度大，器材部件沉重庞大，而且组立杆塔需要立、撤抱杆，使用承力工具和机械牵引设备，多种工序和环节的工作同时铺开，需要多工种人员同时作业，施工场面大，作业人员战线长，距离较远，因此，整体立杆的安全问题显得尤为突出。其关键在于施工现场的严密组织和统一指挥，所以立杆（或撤杆）作业应设置专人统一指挥，在统一指挥下，使整个施工过程由指挥人全盘把握，使全体人员能密切配合，这样，既保证施工安全，又提高了工作效率。为保证立杆（或撤杆）施工的安全，在居民区和交通道路上立杆（撤杆）时，还应设专人看守，必要时应设遮栏或其他明显标志。

（4）立杆及修理杆坑时，应有防止杆身滚动、倾斜的措施，如采用顶、叉杆和绳控制等。顶杆及叉杆只能用于竖立轻的单杆，当顶杆或叉杆临时缺少时，不得用铁锹、桩柱等代用。

（5）使用人字抱杆立杆时，应检查总牵引地锚、制动系统中心、抱杆顶点及杆塔中心四点应在一条直线上。抱杆应受力均匀，两侧拉绳应拉好，不得左右倾斜。固定临时拉绳时，不得固定在有可能移动的物体上，或其他不可靠的物体上。

（6）杆塔起立离地后，杆塔顶部吊离地面约 0.8m 时，应停止起立，进行冲击试验，对各受力部位做一次全面检查，尤其对绳扣部分的检查更应注意，经检查确认无问题后方可继续起立。

（7）杆塔侧面设专人监视，传递信号应清晰。杆根监视人站在杆根侧面，下坑操作时应停止牵引。

（五）架空线路的放线和紧线

当线路的杆塔立完之后，紧接着进行导、地线的放线和紧线作业。导、地线的展放有非张力放线和张力放线两种，下面介绍有关架空线路的放线和紧线安全问题。

1. 非张力放线

非张力放线即地面放线，是指导、地线展放作业时，根据每个线盘导线长度和放线控制距离，合理布线并设置放线条件，放线时采用人力、畜力或拖拉机牵引，在地面展放导线的作业方法。

2. 张力放线

张力放线是指导线在展放悬挂过程中，使用预先布设在特定场地的张力机、牵引机、钢丝重绕机、导线线盘支架拖车、各种滑轮（放线专用滑轮、开口压线滑轮、铝接地滑轮等）、导线走板等系统配套的机械设备放线的方法。放线时，导线被牵引机牵引，产生一个恒定的张力，使导线始终处于悬空状态，免除了导线与地面、被跨物体的直接接触，所以，与非张力放线相比，张力放线有如下优点：

（1）避免导线磨损，提高了放线质量，从而减轻线路运行中的电晕及其损耗。

（2）张力放线采用了配套机械，作业程序流水化，极大地减轻作业人员的劳动强度，而且放线速度快，一次可牵引展放 2~4 根导线，并且放线区段可达 5~7km，紧线或挂线能采用简捷方法进行，提高了施工效率。

3. 紧线作业安全措施及注意事项

导、地线放线完毕，还需要紧线，使导、地线完全脱离地面，并按线路张弛度要求，将导、地线收紧固定。按张弛度要求收紧导、地线时，应采取的安全措施及注意事项如下：

（1）紧（撤）线前，应先检查拉线、拉桩及杆根。若不能适应紧线要求，应加设临时拉绳加固。如在紧线段的耐张杆塔上补强拉线（在耐张杆塔横担的两端及地线支架上各打补强拉线一条）。

（2）紧线前要指定专人检查导、地线是否有未清除的绑线，放线时挂住的杂物，导、地线被障碍物拉住及损坏处未处理的情况。

（3）紧线前应检查紧线设备和工具是否齐全、可靠，操作是否灵活，以免紧线时发生事故。

（4）采用拖拉机作牵引动力时，应选好牵引道路，牵引方向最好顺线路方向，如受地形限制，用滑轮改变牵引方向时，不许使导线横担受到过大的侧拉力。

（5）紧线时应设专人统一指挥、统一信号，沿线联系信号始终保持畅通。在各杆塔处、在跨越物、障碍物及地形恶劣等可能磨伤、碰坏导线的地方，要设置观察和护线人员，各杆塔观察员应注意压接管（接头）、导线在滑轮中无卡住、跳槽或跑偏现象。若发生此况，应停止紧线并处理。

（6）紧线过程中应检查导线牵紧受力状态。任何工作人员不得跨在导线上或站在导线内角侧，以防跑线伤人。应通过压线滑轮缓慢控制导线收紧升空速度，避免猛烈跃升或较大波动引起跳槽。

（7）随时对杆塔拉线、杆根、地锚、临时锚线等进行监视，一旦发现变形或异常时，应立即停止紧线并根据现场实际情况处理，或回松牵引，对有关部位受力予以加固。需撤去有关拉线、锚线时，也应按同样方法进行。严禁采用突然剪断导、地线的做法松线。

（8）当线路穿过高压线时，要严防被紧的导、地线弹起，碰触带电的高压线，必要时应联系高压线路停电，防止紧线过程中工作人员触电。

（六）杆上安全作业

导、地线紧完后，各杆塔导、地线的悬挂点必须固定装好，即在瓷瓶的下方，装好线夹，将导、地线装入线夹中固定，同时，在瓷瓶两侧的导、地线上装防震锤，线路大跨时，在跨越挡瓷瓶外侧装阻尼线等，这就是紧线后的附件安装。

杆上附件安装作业属高空作业，高空作业时，杆下应有人监护配合，防止事故发生。

1. 登杆作业前的安全检查

（1）检查杆基、拉线是否牢固。遇有杆塔歪斜，拉线松动应调整拉线，直至符合要求后再登杆。遇有冲刷、起土、上拔的电杆，应先培土加固，或支好架杆，或打临时拉绳后，再行上杆。当回填未实或混凝土强度未达到标准前严禁攀登电杆。

（2）登杆前应检查登杆工具，如脚扣、升降板、安全带、梯子等是否完整、合格。

（3）登杆前要拧紧杆塔上下的踏脚钉，以便安全上下。

上述检查工作非常重要，根据线路施工记载，由于未做上述检查工作，曾出现倒杆丧命或倒杆造成作业人员终身残废的事故。

2. 登杆时的安全注意事项

（1）用脚扣登杆

用脚扣登杆的安全注意事项如下：

①根据电杆的粗细，选择大小合适的脚扣，脚扣可以牢靠地扣住电杆，可防止从高空滑下。

②穿脚扣时，脚扣带的松紧要适当，防止脚扣在脚上转动或脱落。

③登杆时，用手掌抱着电杆（切不可用手臂搂着电杆），上身挺直，臀部要下坐，先抬一只脚，将脚扣扣住电杆后用力往下蹬，使脚扣与电杆扣牢，然后抬另一只脚，这样依次上升，步子不宜过大。

④快到杆顶时，要防止头碰横担。

（2）用踏板登杆

用踏板登杆的安全注意事项如下：

①上杆前扎好安全带，将一踏板背在肩上，用右手拿住一踏板的绳子端（距铁钩约5cm处），并将绳子铁钩从杆后甩绕过来，同时右手用绳子套住铁钩，并使铁钩把绳子向上扣紧，此时右手抓住靠近铁钩的绳子，手心向外，同时用左手按住踏板的左边并向下压。

②将右脚踏在踏板的右边，脚尖靠紧杆身，右手用力拉，左手用力压，左脚用力往地上一蹬，使身体自然上升。

③身体上升后，左脚从左侧绳子外边踏上踏板，脚尖靠紧杆身，膝盖挺直，然后取下背在肩上的踏板，按上述方法上升一步。

④在身体上升过程中，用左脚斜踏电杆，将下方踏板的绳子向左拨动，并弯下腰用左手解下铁钩，将踏板取下背在肩上，此时右手拉紧，左脚一蹬，使身体再次上升，左脚仍由左绳外踏上踏板。

⑤如上述，依次循环上升，直至杆顶。

（3）攀登铁塔

登铁塔时应注意下列安全事项：

①安全带绳在腰上系好，要防止腰绳在蹬塔过程中突然挂在塔钉或螺钉上。

②蹬塔时，手要握紧踏脚钉或杆塔构件，手握好后，才能移动脚步。

3. 杆上作业安全注意事项

（1）杆上作业前严禁饮酒，休息充足，精神状态良好。

（2）杆上作业时，必须使用安全带。安全带应系在电杆及牢固的构件上，应防止安全带从杆顶脱出。杆上作业转位时，不得失去安全带的保护。如有人在杆上作业时，将安全带系在固定双钩的铁丝上，铁丝穿过杆塔构件上的螺孔固定双钩，由于双钩受力将铁丝拉断，结果，安全带失去固定点，人从高空的杆塔上摔下来，造成身体致残，有的造成丧命。所以，杆上作业，系安全带的部位应正确，禁止将安全带系在杆上的临时拉线上或绝缘子（因金属缺陷绝缘子可能脱落）。

（3）使用梯子时，要有人扶持或绑牢。

（4）上横担时，应检查横担腐蚀锈蚀情况，检查时，安全带应系在主杆上。

（5）作业人员应戴安全帽，穿胶底鞋。无论杆上或杆下作业人员均需要戴安全帽，杆上人员应防止物件坠落，使用的工具、材料应用绳索传递，不得乱扔。杆下应防止行人逗留。

三、电力电缆敷设安全技术

电力电缆按绝缘材料可分为油浸纸绝缘电缆、塑料绝缘电缆、橡胶绝缘电缆等，下面介绍电力电缆敷设有关安全技术问题。

（一）电力电缆敷设方式及一般规定

1. 敷设方式

电力电缆的敷设方式按工作场所和工作条件，可分为以下三种方式：

（1）电缆隧道敷设；

（2）穿管敷设；

（3）直埋敷设。

2. 一般要求

（1）电缆敷设应整齐美观，横看成线，纵看成行。引出方向一致，避免交叉压叠。

（2）在下列地点电缆应穿入管内：

①电缆引入及引出建筑物、隧道、沟道处；

②电缆穿过楼板及墙壁；

③引至电杆上或沿墙敷设的电缆离地面 2m 的一段；

④室内电缆可能遭受机械损伤的地方，室外电缆穿越道路，以及室内行人容易接近的电缆距地面 2m 高的一段。

（3）电缆留有余度，用以补偿因温度变化引起变形，以及重作电缆头和电缆接头之用。

（4）电缆敷设应保持规定的弯曲半径。即最小弯曲半径与电缆外径的比值满足：

①纸绝缘多芯电缆不小于 15，单芯电缆不小于 25；

②橡皮或塑料绝缘不小于 10；

③纸绝缘控制电缆不小于 10；

④橡皮或塑料绝缘铠装电缆不小于 10，无铠装电缆不小于 6。

（二）电缆直埋地下的规定

1. 直接埋在地下的电缆，一般应使用铠装电缆。只有在修理电缆时，才允许使用短段无铠装电缆，但必须外加机械保护。

2. 在选择直埋电缆线路时，应注意直埋电缆的周围泥土，不含有腐蚀电缆金属包皮的物质（如烈性的酸碱溶液、石灰、炉渣、腐殖物质及有机物渣滓等）；还应注意虫害及严重阳极区。

3. 电缆埋置深度，电缆之间的净距，与其他管线间接近和交叉的净距，应符合下列规定。

4. 电缆与树木主干的距离，一般不小于 0.7m。如因城市绿化，个别地区达不到上述距离时，可采取措施，由双方协商解决。

5. 电缆与城市街道、公路或铁路交叉时，应敷设于管中或隧道内。管的内径不应小于电缆外径的 1.5 倍，且不得小于 100mm。管顶距路轨底或公路路面的深度不应小于 1m，电缆不能在公路中央埋设，要在距公路两旁排水沟外侧 1m 处进行。电缆距城市街道路面的深度不应小于 0.7m，管长除跨越公路或轨道宽度外，一般应在两端各伸出 2m，在城市街道，管长应伸出车道路面。当电缆和直流电气化铁路交叉时，应有适当的防蚀措施。

6. 电缆铅包对大地电位差不宜大于正 1V，并且应符合当地地下管线预防电蚀管理办法的规定。

7. 直埋电缆沟底必须具有良好的土层，不应有石块或其他硬质杂物，否则应铺以

100mm 厚的软土或砂层。电缆敷设时，不要使电缆与地面摩擦，摆放电缆时，电缆不宜过直，按规定留有 0.5%~1.0%波形余度，以防温度骤降造成电缆收缩而产生过大拉力。电缆敷设好后，上面应铺以 100mm 厚的软土或砂层，然后盖以混凝土保护板，覆盖宽度应超出电缆直径两侧各 50mm，但在不得已的情况下，也允许用砖代替混凝土保护板。

8. 直埋电缆自土沟引进隧道、人井及建筑物时，应穿在管中，并在管口加以堵塞，以防漏水。

9. 电缆从地下或电缆沟引出地面时，距地面上 2m 的一段应用金属管或罩加以保护，其根部应伸入地面下 0.1m。在发电厂、变电站内的铠装电缆，如无机械损伤的可能，可不加保护，但对无铠装电缆，则应加以保护。

10. 地下并列敷设的电缆，其中间接头盒位置必须相互错开，接头间距为 2m 左右；中间接头盒外面应有防止机械损伤的保护盒，塑料电缆中间接头例外。

（三）室内电缆敷设安全事项

在发电厂及变电站内，有很大部分电缆在室内敷设，一般厂矿企业的生产厂房内，也有很多电缆线路。室内电缆敷设可沿墙壁、构架、天花板及地板沟等进行敷设。室内敷设时，应注意下列安全事项：

1. 在敷设较长的电缆时，可按电缆的实际走径从一端放到另一端。在放线过程中，一定要按断面图规定的位置进行，随时注意交叉处的穿越。电缆拐弯处的弯曲半径应符合规定。

2. 在沿天花板等较高处放电缆时，可用梯子或人字梯，必要时搭脚手架，应注意梯子的防滑措施。

3. 电缆穿越墙壁、楼板及管道时，其上、下两侧，应各设一人看护；垂直敷设电缆时，一般将电缆吊至上部，由上往下敷设；若只能由下往高处敷设时，应严防电缆下落伤人。

4. 敷设时，相邻电缆之间，电缆与照明线之间，应保持规定的距离。

5. 电缆与热力管道、热力设备、蒸汽管道和热液体管道、大电流母线之间的净距不小于 1m，否则采取隔热措施。

6. 电缆由支架引向设备或配电盘时，应使电缆与地面垂直，并将电缆的弯曲段加以固定。

7. 控制电缆与电力电缆同支架敷设时，控制电缆应在电力电缆的下边。

8. 电缆由直埋进入室内，电缆外表易燃防护层应全部剥去并涂刷防腐漆。

9. 电缆敷设完毕，室内与室外沟道之间的孔洞应全部埋塞。

10. 下列地点应牢固固定：垂直敷设或超过45°角倾斜敷设的所有支点；水平敷设的两端点；电缆转弯处的两支点，电缆中间接头两侧的支持物上；电缆终端头颈端；与伸缩缝交叉的电缆距缝的中心两侧各0.75~1.0m处。

11. 在下列各处电缆应挂牌：改变线路方向处；从一个平面跨越到另一个平面；穿越楼板及墙壁之两侧；电缆中间接头两侧和终端头处；基础沟道及管子的出入口处；直线段不作规定，酌情处理。

四、电力线路运行维护、检修安全技术

（一）架空线路的运行维护与检修

1. 巡线分类及巡线内容

高压架空线路运行时，应经常对线路进行巡视和检查，监视线路的运行状况及周围环境的变化，以便及时发现和消除线路缺陷，防止线路事故的发生，保证线路安全运行，并确定线路的检修内容。

架空线路的巡视（巡线），根据工作性质、任务及规定的时间和参加人员的不同，分为定期巡线和不定期巡线。

2. 巡线要求及注意事项

（1）巡线工作应由有电力线路工作经验的人担任，一般不少于2人。新参加工作的人员不得1人单独巡线。偏僻山区和夜间巡线必须由2人进行，暑天、大雪天，必要时由2人以上进行。巡线时应携带望远镜，以便观察看不清楚的地方。巡线工作要求巡线人员能够及时发现设备的异常运行情况，如绝缘子破裂、闪络烧伤，导、地线损伤，金具锈蚀，木质杆塔构件腐朽，外物接近或悬挂危及线路安全运行、线路或杆塔四周有威胁安全的施工等。在巡视中，一旦遇到紧急情况，能按有关规定正确处理。

（2）单人巡线时，禁止攀登电杆和铁塔。若发现杆塔上某部件有缺陷，但在地面上无法看清时，也绝对禁止攀登杆塔，因为无人监护，单人登杆时无法掌握自己与带电部分的距离，容易造成触电事故。

（3）夜间巡线时，应携带必要的照明工具。夜间巡线时应沿线路外侧进行，防止万一发生断线事故危及人员安全。

（4）大风巡线时（指6级及以上大风）巡线人员应沿线路外侧的上风方向巡线，以防大风吹断导线而坠落在自己身上，同时，可使视线清楚，以免迷眼。

（5）事故巡线时应始终认为线路带电，即使明知该线路已停电，也应认为线路随时有恢复送电的可能。

（6）巡线时若发现导线断落地面或悬挂空中，所有人员应站在距故障8m以外的地方，并设专人看管，绝对禁止任何人走近故障地点，以防跨步电压危及人身安全，并迅速报告领导，等候处理。

3. 架空线路带电测量及安全规定

架空线路带电测量工作有：在带电线路上测量导线张弛度和交叉跨距；在线路带电的情况下测量杆塔、配电变压器和避雷器的接地电阻；线路带电时测量杆塔的倾斜度；带电测量连接器（导线接头）的电阻等。架空线路带电进行测量工作时，应遵守下列规定：

（1）测量人员应具备安全工作的基本条件，要求他们技术能力合格，并有实际测量的工作经验，有自我保护的能力。

（2）电气测量工作，至少应由两人进行，一人操作，一人监护。夜间进行测量工作，应有足够的照明。

（3）测量人员必须了解仪表的性能、使用方法、正确接线，熟悉测量的安全措施。

（4）必须做好保证测量工作安全的各项措施，包括按规定办理工作票及履行许可监护手续。对于重要的测量项目或工作人员未经历的测量项目，工作之前均应针对实际制定切实的操作步骤和安全实施方案。如测杆塔接地电阻时，解开或恢复接地引线时，应戴绝缘手套，严禁接触与地断开的接地线；用钳形电流表测量电流时，不要触及带电部分，防止相间短路等。

（5）在带电条件下进行电气测量，特别是工作总人数只有两人而测量又需要人员协助时，为防止失去监护人监护，必须首先落实各项安全技术措施，包括在防止误接近的安全距离处，设置临时围栏或用实物分界隔离；保证仪器仪表的位置布置正确；检查连接线的绝缘完好；安全距离等项内容符合要求。

（6）在带电线路上测量导线张弛度和交叉跨越距离时，严禁使用夹有金属丝的皮尺、线尺，若用抛挂法进行简易测量时，所用绳子必须是专用的测量绳或是能直接辨认的干燥的绝缘绳索。

4. 架空线路沿线树木砍伐

在高压线路下和线路通道两侧砍伐超过规定高度的树木，是运行维护的工作内容之一。砍伐树木时，树木倒落可能损坏杆塔，砸断导线，发生重大停电事故，为此，在高压线路下和通道两侧砍伐树木，应遵守的安全事项如下：

（1）在线路带电情况下，砍伐靠近线路的树木时，工作负责人必须在工作开始前，向全体人员说明：电力线路有电，不得攀登杆塔；树木、绳索不得接触导线。

（2）严格保持与带电导线的安全距离。砍伐时，砍伐人员和绳索与导线应保持安全距离，树木与绳索不得接近至该距离之内。

（3）采取防止树木（树枝）倒落在导线上的措施。应设法用绳索将其拉向与导线相反的方向，绳索应有足够的长度，以免拉绳的人员被倒落的树木砸伤。树枝接触高压带电导线时，严禁用手直接去取。

（4）防止发生摔伤和砸伤事故。上树砍伐树木时，应使用安全带；不应攀抓脆弱和枯死的树枝，不应攀登已经锯过的或砍过的未断树木；注意马蜂袭击，防止发生高空摔伤事故；砍剪的树木下和倒树范围内应有人监护，不得有人逗留，防止砸伤行人。

5. 在带电线路杆塔上工作的安全规定

在带电杆塔上工作时，如刷油漆、除鸟窝、拧紧杆塔螺钉、检查架空地线（不包括绝缘架空地线）、查看金具或绝缘子等，应做好如下安全措施：

（1）填用第二种工作票，并履行工作票有关手续。

（2）进行上述工作时，必须使用绝缘无极绳索、绝缘安全带，风力应不大于5级。

（3）进行上述作业时，应有专人监护。

（4）在10kV及以下的带电杆塔上进行工作，工作人员距最下层高压带电导线垂直距离不得小于0.7m。

（二）电缆的运行维护与检修

1. 电缆的巡视与检查

（1）巡查周期

①敷设在土中、隧道中，以及沿桥梁架设的电缆，每三个月至少巡查一次。根据季节及基建工程特点，应增加巡查次数。

②电缆竖井内的电缆，每半年至少检查一次。

③水底电缆线路，由现场根据具体需要规定，如水底电缆直接敷于河床上，可每年检查一次水底路线情况。在潜水条件允许下，应派遣潜水员检查电缆情况，当潜水条件不允许时，可测量河床的变化情况。

④发电厂、变电站的电缆沟、隧道、电缆井、电缆架及电缆线段等的巡查，至少每三个月一次。

⑤对挖掘暴露的电缆，按工程情况，酌情加强巡视。

⑥电缆终端头，由现场根据运行情况，每1—3年停电检查一次。

（2）电缆巡查注意事项

①对敷设在地下的每一电缆线路，应查看路面是否正常，有无挖掘痕迹，以及路线标桩是否完整无缺等。

②电缆线路上不应堆置瓦砾、矿渣、建筑材料、笨重物件、酸碱性排泄物或砌堆石灰坑等。

③对于通过桥梁的电缆，应检查桥墩两端电缆是否拖拉过紧，保护管或槽有无脱开或锈烂现象。

④若井内电缆铅包在排管口及挂钩处，不应有磨损现象，需检查包铅是否失落。

⑤检查电缆终端头是否完整，电缆引出线的接点有无发热现象和电缆漏油。

⑥多根并列电缆要检查电流分配和电缆的外皮温度，防止因接点不良引起电缆过负荷或烧坏接点。

⑦隧道内的电缆要检查电缆位置是否正常，接头有无变形漏油，温度是否正常，构件是否失落，通风、排水、照明等设施是否完整，特别要注意防火设施是否完善。

2. 电缆的维护

（1）电缆沟的维护

①检查电缆沟的出入通道是否畅通，沟内如有积水应加以排除，并查明积水原因，采取堵漏措施，沟内脏污应加以清扫；

②检查支架有无脱落现象，检查电缆在支架上有无碎伤或擦伤，并采取措施；

③检查接地情况是否良好，必要时应测量接地电阻；

④检查防火及通风设备是否完善并处理，记录沟内温度。

（2）户内电缆头的维护

①检查电缆头有无电晕放电痕迹，并清扫电缆头；

②检查电缆及电缆头是否漏油并处理；

③检查电缆头引线接触是否良好，有无过热现象并处理；

④核对线路铭牌及相位颜色；

⑤检查电缆头支架及电缆铠装的油漆防腐层是否完好；

⑥检查电缆头接地线及接地是否完好并处理。

（3）户外终端头的维护。其维护工作除上述外，还应做好以下几点：

①清扫终端盒及瓷套管，检查壳体及瓷套管有无裂纹现象；

②检查铅包是否龟裂、铅包是否腐蚀；

③检查终端盒内是否缺胶及有无水分，如缺胶应及时补充。

3. 电缆的检修

电缆的故障绝大多数发生在终端头上，也有发生在电缆线路上及电缆中间接头的绝缘击穿。下面介绍电缆检修有关安全问题。

（1）电缆停电检修安全措施

电缆的检修工作，不论是移动位置、拆除改装，还是更换接头盒及重做电缆头等，均应在停电的情况下进行。

电力电缆停电检修应填用第一种工作票，工作前，必须详细核对电缆名称标示牌是否与工作票所写的符合；确定安全措施正确可靠后，方可工作。

检修电缆时，工作人员只有在接到许可工作的命令后才能进行工作。在工作负责人未检查电缆是否确已停电和挂接地线之前，任何人不准直接用手或其他物件接触电缆的钢铠和铅包。

（2）锯断待修电缆安全注意事项

为防止错锯带电电缆而发生人身、设备事故，特别是多根电缆并列敷设情况下，应准确查明哪根电缆是需要检修的电缆，为此，应于开工前做好下列安全事项：

①工作负责人应仔细核对工作票中所填电缆的名称、编号和起止端点，应与现场电缆标示牌上的名称等内容完全一致，以确定所需锯断的电缆及区间应正确。如果某一项有误，则应核对图纸，无误后做好应锯断电缆的记号。

②验电。利用仪器检测，确切证实需锯断电缆线芯无电。

③将需锯断电缆放电并接地。验明电缆线芯无电后，用接地的带木柄的铁钎钉入电缆线芯导电部分，使电缆线芯残余电荷放尽并短路接地。

④电缆钉铁钎时，扶木柄铁钎的人，手戴绝缘手套，脚站在绝缘垫上。这是为了防止电缆残电及被钉入铁钎的电缆带高电压，必须要求扶木柄铁钎人员戴绝缘手套，双脚站在绝缘垫上，以免发生电击人体。

（3）挖掘电缆安全注意事项

挖掘电缆应注意下列安全事项：

①挑选有电缆实际工作经验的人员担任现场工作指挥。工作前应根据电缆敷设图纸在电缆沿线标桩，确定出合适的挖掘位置。

②做好防止交通事故的安全措施。在马路或通道上挖掘电缆，先需开设绕行便道，在挖掘地段周围装设临时围栏，绕行道口处设立标明施工禁行内容的告示牌。晚间还应根据情况设立灯光警戒指示。电缆沟道上应用结实牢固的铁板或木板覆盖，防止发生交通事故。

③电缆沟挖开后沟边应留有走道，堆起的土堆斜坡上，不得放置任何工具、材料等杂物。严防杂物滑入沟内砸伤工作人员和电缆。

④电缆沟挖到一定深度后，要及时采取防止塌滑、挤压的措施。挖到电缆护管或护板时，应及时报告工作负责人，在有经验人员指导下继续挖掘，防止挖坏电缆。

⑤电缆或电缆接头盒挖出后，应防止电缆弯曲损伤电缆绝缘结构，接头盒不可受拉形成缺陷。为此，电缆被挖掘出来后，应采用绳索悬吊牢靠，并置于同一水平上，悬吊点间距不宜过大，保持在 1.0~1.5m 范围内；电缆接头盒挖出后，应特别注意保护，悬吊时应平放，接头盒不要受拉。

（4）使用喷灯安全注意事项

电缆施工或检修都要使用喷灯，正确使用喷灯对保证工作人员的安全有重要作用。使用喷灯时应注意下列安全事项。

①使用喷灯之前，对喷灯应进行各项检查，并拧紧加油孔盖，不得有漏气、漏油现象，喷灯未烧热之前不得打气。

②喷灯加油和放气时，应将喷灯熄灭，并应远离明火地点，同时，油面不得超过容积的 3/4。

③点燃喷灯时，气压不得过大，在使用或递喷灯时，应注意周围设备和人身的安全。

④夏季使用喷灯时应穿工作服。

（5）进入电缆沟井工作安全注意事项

电缆沟、井内空间小，照度低，易潮湿积水，并存在产生有害气体的可能，在工作人员进入电缆沟、井内工作之前，应做好如下安全措施：

①首先排除电缆沟、井内的污浊空气和有害气体。在工作人员进入电缆沟、井之前，应先行通风，排除有害气体，并合理配备工作人员。

②做好防火、防水和防止高空落物等安全措施。

③工作人员应戴安全帽，防止落物和在井内传递材料时碰伤人和设备。

④电缆井盖开启后，应在地面设围标与警示牌，并由专人看管。夜间应在电缆井口设置红灯警示标志。

第三节 带电作业安全技术

一、带电作业一般规定及安全措施

（一）带电作业

带电作业是指在没有停电的设备或线路上进行的工作，例如，在带电的电气设备或线路上，用特殊的方法（如用绝缘杆、等电位、水冲洗等操作方法）进行测试、维护、检修和个别零部件的拆换工作。

带电作业按作业人员是否直接接触带电导体，可分为直接作业和间接作业；按作业人员作业时所处的电位高低，可分为等电位作业、中间电位作业和间接带电（地电位）作业。

间接带电作业也称地电位作业，是指作业人员站在地上或站在接地物体（如铁塔、杆塔横担）上，与检修设备带电部分保持规定的安全距离，利用绝缘工具对带电导体进行的作业。地电位作业时，有泄漏电流流过人体，流过人体泄漏电流的路径是：地→人→绝缘工具→带电导体。由于人体的电阻很小，绝缘工具的电阻很大，流过人体的泄漏电流主要取决于绝缘工具的绝缘电阻，故要求绝缘工具的绝缘电阻越大越好。

中间电位作业是指人体站在绝缘站台或绝缘梯上，或站在绝缘合格的升高机具内，手持绝缘工具对带电体进行的作业。中间电位作业也属间接作业范围。这种作业的泄漏电流路径是：地→绝缘站台（梯）→人→绝缘工具→带电导体。中间电位作业时，人处于带电体与绝缘站台之间，人体对带电体、地分别存在电容。由于电容的耦合作用，人体具有一定的电位，此时，人体电位高于地电位而低于带电体电位，因此作业时作业人员应穿屏蔽服和遵守有关规定。

（二）带电作业一般规定

1. 带电作业人员必须经过培训，考试合格。凡参加带电作业的人员，必须经过严格的工艺培训，并考试合格后才能参加带电作业。

2. 工作票签发人和工作负责人必须经过批准。带电作业工作票签发人和工作负责人应具有带电作业实践经验，熟悉带电作业现场和作业工具，对某些不熟悉的带电作业现场，能组织现场查勘，作出判断和确定作业方法及应采取的措施。工作票签发人必须经厂（局）领导批准，工作负责人可经工区领导批准。

3. 带电作业必须设专人监护。监护人应由有带电作业实践经验的人员担任。监护人不得直接操作。监护的范围不得超过一个作业点。复杂的或高杆塔上的作业应增设塔上监护人。

4. 应用带电作业新项目和新工具时，必须经过科学试验和领导批准。对于比较复杂、难度较大的带电作业新项目和研制的新工具，必须进行科学试验，确认安全可靠，编出操作工艺方案和安全措施，并经厂（局）主管生产领导（总工程师）批准后方可使用。

5. 带电作业应在良好天气下进行。如遇雷、雨、雪、雾等天气，不得进行带电作业；风力大于 5 级时，一般不宜进行带电作业。

在特殊情况下，必须在恶劣天气下进行带电作业时，应组织有关人员充分讨论，采取必要可靠的安全措施，并经厂（局）主管生产的领导（总工程师）批准后方可进行。

6. 带电作业必须经调度同意批准。带电作业工作负责人在带电作业工作开始之前，应与调度联系，得到调度的同意后方可进行，工作结束后应向调度汇报。

7. 带电作业时应停用重合闸。

8. 带电作业过程中设备突然停电不得强送电。如果在带电作业过程中设备突然停电，则作业人员仍视设备为带电设备。此时，应对工器具和自身安全措施进行检查，以防出现意外过电压，工作负责人应尽快与调度联系，调度未与工作负责人取得联系前不得强送电。

以上规定适用于在海拔 1000m 及以下、交流 10~500kV 的高压架空线、发电厂和变电站电气设备上，采用等电位、中间电位和地电位方式进行的带电作业及低压带电作业。

（三）带电作业一般技术措施

1. 保持人身与带电体间的安全距离。作业人员与带电体间的距离，应保证在电力系统中出现最大内外过电压幅值时不发生闪络放电。

(1) 因受设备限制达不到 1.8m 时，经厂（局）主管生产领导（总工程师）批准，并采取必要的措施后，可采用 1.6m。

（2）由于500kV带电作业经验不多，此数据为暂定数据。

2. 将高压电场场强限制到对人身无损害的程度。如果作业人员身体表面的电场强度短时不超过200kV/m，则是安全可靠的。如果超过上述值，则应采取必要的安全技术措施，如对人体加以屏蔽。

3. 制定带电作业技术方案。带电作业应事先编写技术方案，技术方案应包括操作工艺方案和严格的操作程序，并采取可靠的安全技术措施。

4. 带电作业时，良好绝缘子数应不少于规定数。

5. 带电更换绝缘子时应防止导线脱落。更换直线绝缘子串或移动导线的作业，当采用单吊线装置时，应采取防止导线脱落时的后备保护措施。

6. 采用专用短线（或穿屏蔽服）拆、装靠近横担的第一片绝缘子。在绝缘子串未脱离导线前，拆、装靠近杆塔横担的第一片绝缘子时，必须采用专用短接线或穿屏蔽服，方可直接进行操作。

7. 带电作业时应设置围栏。在市区或人口稠密的地区进行带电作业时，带电作业工作现场应设置围栏，严禁非工作人员入内。

二、等电位作业

（一）等电位作业基本原理及适用范围

根据电工原理，电场中的两点，如果没有电位差，则两点间不会有电流。等电位作业就是利用这个原理，使带电作业人员各部位的电位与带电体的电位始终相等，两者之间不存在电位差，因此，没有电流流过作业人员的身体，从而保证作业人员的人身安全。

（二）屏蔽服及其使用

在实际作业中，并不能简单地按等电位原理进行作业，还必须解决许多实际问题，如人体进入强电场接近带电体时，带电体对人体放电，人体在强电场中身体各部位产生电位差等。人体虽具有电阻，但电阻值很小，与带电作业所用绝缘梯或空气的绝缘电阻相比，则微不足道，可以忽略，因而把人体看成导体。当作业人员沿着绝缘梯上攀去接触带电体进行等电位作业时，人沿梯级上攀相当于一个等效导体向上移动。由于梯级电位由下至上逐渐增高，所以，随着人体与带电体的逐步接近，人体对地电位也逐渐增高，人体与带电体间的电位则逐渐减小。根据静电感应原理，人体上的电荷将重新分布，即接近高压带电体的一端呈异性电荷。当离高压带电体很近时，感应场强很大，足以使空气电离击穿，于是带电体对人体开始放电。随着人体继续接近带电体，放电将加剧，并产生蓝色弧光和“噼啪”放电声，当作业人员用手紧握带电体时，电荷中和放电结束，感应电荷完全消失。此时，人体与带电体等电位，人体电位处于稳定状态，但是，人体与地，以及人体与相邻相导体之间存在电容，因此，仍有电容电流流过人体，但此电流很小，人体一般无感觉。

（三）等电位作业的基本方式

等电位作业有如下几种基本方式：

1. 立式绝缘硬梯（含人字梯、独脚梯）等电位作业。该方式多用于变电设备的带电作业。如套管加油、短接断路器、接头处理等。

2. 挂梯等电位作业。该方式是将绝缘硬梯垂直悬挂在母线、杆塔横担或钩架上，多用于一次变电设备解接搭头的带电作业。

3. 软梯等电位作业。该方式是将绝缘软梯挂在导线上，用来处理输电线路的防震锤和修补导线，该方法简单方便。

4. 杆上水平梯等电位作业。该方式是将绝缘硬梯水平组装在杆塔上，作业人员进行杆塔附近的等电位作业。

5. 绝缘斗臂上的等电位作业。该方式是在汽车活动臂上端的专用绝缘斗中进行带电作业。作业人员站在绝缘斗内，汽车活动臂将他举送到所需高度进行作业。

6. 绝缘三角板等电位作业。适用于配电线路杆塔附近的等电位作业。

（四）等电位作业安全技术措施

等电位作业应采取以下安全技术措施：

1. 等电位作业人员必须在衣服外面穿合格的全套屏蔽服（包括帽、衣、裤、手套、袜和鞋），且各部分应连接好，屏蔽服内还应套阻燃内衣。严禁通过屏蔽服断、接地电流、空载线路和耦合电容器的电容电流。

2. 等电位作业人员沿绝缘子串进入强电场的作业，只能在220kV及以下电压等级的绝缘子串上进行。

3. 等电位作业人员在电位转移前，应得到工作负责人的许可，并系好安全带。

4. 等电位作业人员与地面作业人员传递工具和器材时，必须使用绝缘工具或绝缘绳索进行。

5. 等电位作业人员在作业中，严禁用酒精、汽油等易燃品擦拭带电体及绝缘部分，防止起火。

（五）等电位作业安全注意事项

等电位作业除了满足带电作业的一般规定外，还应注意下列事项：

1. 所穿屏蔽服必须符合要求。屏蔽服的技术指标（屏蔽效率、衣料电阻、熔断电流、耐电火花、耐燃、耐洗涤、耐汗蚀、耐磨等）、性能指标（衣服电阻、手套、短袜及鞋子电阻、戴帽后外露面部场强、整套屏蔽服连接后最远端间的电阻、人穿屏蔽服后流过人体电流、头顶场强、衣内胸前胸后场强及温升）均应满足规定要求。

2. 带电作业时未屏蔽的面部或颈部不得先接触高压带电体。当人体进行电位转移时，为防止电击，未屏蔽的面部或颈部不得先接触高压带电导体，应用已屏蔽的手先接触导体，且动作要快。

3. 带电作业时，不允许电容电流通过屏蔽服。在等电位作业断开或接通电气设备时，即使电容电流很小，也不允许电容电流通过屏蔽服。

4. 挂梯前，检查绝缘梯应完好。

三、带电断、接引线

（一）带电断、接引线的基本原则

1. 带电断、接引线必须在线路空载的条件下进行。

2. 严禁带负荷断、接线路的引线。当带负荷断、接引线时，在断、接点会产生异常强烈的电弧，该电弧会灼伤人的身体，甚至引起短路故障。

（二）带电断、接空载线路的规定

带电断、接空载线路，必须遵守下列规定：

1. 带电断、接空载线路时，必须确认线路的终端断路器或隔离开关确已断开，接入线路侧的变压器、电压互感器确已退出运行后，方可进行。

按照这种规定，线路的首端与电源相连，线路的终端及线路上均不接任何负载，线路完全处于空载状态，才进行带电断、接空载线路。

2. 带电断、接空载线路时，作业人员应戴护目镜，并应采取消弧措施，消弧工具的断流能力应与被断、接的空载线路电压等级及电容电流相适应。

3. 在查明线路确无接地、绝缘良好、线路上无人工作，且相别确定无误后，才可进行带电断、接引线。该项规定关系到带电断、接引线时的工作安全，也关系到系统的安全运行。

4. 带电接引线时，未接通相的导线及带电断引线时，已断开相的导线将因感应而带电。为防止电击，应采取措施后才能触及。

5. 严禁同时接触未接通的或已断开的导线两个断头，以防人体串入电路。两根导线均处于断开不带电状态，作业人员不能同时接触两根导线的断头，否则人体将串入两根导线的断头之间，使人体流过感应电流而遭受电击。

（三）带电断、接其他电气设备的规定

1. 带电断、接耦合电容器时，应将其信号接地，接地刀闸合上，并应停用高频保护，被断开的电容器应立即对地放电。

2. 带电断、接耦合电容器（包括空载线路、避雷器等）时，应采取防止引流线摆动的措施。对引流流线采取固定措施，防止摆动，可避免因引流线摆动引起短路故障。

3. 严禁用断、接空载线路的方法使两电源解列或并列。电路的接通或断开，电源的解列和并列，都必须使用断路器，因为断路器能灭弧，所以两电源并列必须经同期并列。如果采用断、接空载线路的方法使两电源解列或并列，就会引起电弧短路和非同期并列的恶性事故。

四、带电短接设备

（一）带电短接断路器和隔离开关

用分流线短接断路器（开关）、隔离开关（刀闸）等载流设备时，必须遵守下列规定。

1. 短接前一定要核对相别。即，确定三相引线中哪根引线是 A 相、B 相和 C 相，然后用分流线按相别短接，防止相别搞错而发生相间短路事故。

2. 组装分流线的导线处，必须清除氧化层，且线夹接触应牢固可靠。分流线用线夹固定接在被短接设备一相的两端，为了减小接触电阻，防止运行中接头处过热烧坏及运行可靠，分流线两端表面的氧化层应清除，两端牢固地固接在线夹内，线夹再牢固地固接在

被短接设备一相的两端。

3. 断路器必须处于合闸位置，并取下跳闸回路熔断器（保险），锁死跳闸机构后，方可短接。在进行带电短接时，断路器必须处于合闸位置，而且短接过程中，不许断路器跳闸，故跳闸回路熔断器（即操作保险）应取下，而且还要将断路器的操作机构锁在合闸位，否则，在短接过程中，若断路器瞬间断开，将造成带负荷短接线，在接头处会产生很大的电弧，引起短路故障和人身伤亡。

4. 分流线应支撑好，以防摆动造成接地短路。如用绝缘线同相绑扎或作绝缘支撑固定。

（二）带电短接阻波器

带电短接阻波器应遵守以下规定：

1. 阻波器被短接前，严防等电位作业人员人体短接阻波器。阻波器是一个无铁芯的电感绕组，电力线路运行时，负荷电流经过阻波器送至用户身体，为了本端能接收对侧发来的高频保护及高频通信信号，必须设置阻波器，不让高频信号通过阻波器，而只能通过耦合电容器被终端设备接收。阻波器只通过工频电流，等电位作业时，在短接分流线未装好之前，作业人员不得碰触阻波器，避免出现阻波器全部或部分被人体短接；否则人体成为短接的导体，屏蔽服上将流过负荷电流，电流超过其耐受能力时，屏蔽服将冒火花或被烧坏，导致烧伤电击事故，故作业中，应防止人体短接阻波器。

2. 短接阻波器（或开关设备）的分流线截面和两端线夹的载流容量，应满足最大负荷电流的要求。

五、高架绝缘斗臂车带电作业

（一）高架绝缘斗臂车

高架绝缘斗臂车多数用汽车发动机和底盘改装而成。它安装有液压支腿，将液压斗臂安装在可以旋转360°的车后活动底盘上，成为可以载人进行升降作业的专用汽车。绝缘斗臂用绝缘性能良好的材料制成，采用折叠伸缩结构，电力系统借助高架绝缘斗臂车带电作业，减轻了作业人员的劳动强度，改善了劳动条件，并且使一些因间隔距离小，用其他工具很难实施的项目作业得以实现。

（二）高架绝缘斗臂车带电作业安全规定

用高架绝缘斗臂车进行带电作业时，应遵守下列安全规定：

1. 使用前应认真检查，并在预定位置空斗试操作一次，确认液压传动、回转、升降、伸缩系统工作正常，操作灵活，制动装置可靠，方可使用。

2. 绝缘臂在荷重作业状态下处于动态过程中，绝缘臂铰接处结构容易被损伤，出现不易被发现的细微裂纹，虽然对机械强度影响不大，但会引起耐电强度下降，其表现在带电作业时，绝缘斗臂的绝缘电阻下降，泄漏电流增加。因此，带电作业时，在绝缘臂下端装设泄漏电流监视装置是很有必要的。

3. 绝缘臂下节的金属部分，一般作业时，只要按规章操作并严格监护，不会出现危险接近和失常的情况，而绝缘斗臂下节的金属部分，因外形几何尺寸与活动范围均较大，操作控制仰起回转角度难以准确掌握，存在状态失控的可能。绝缘斗体积较大，介入高压电场导体附近时，下部机车喷出的油烟会对空气产生扰动和性能影响，使间隙的气体放电电压下降，分散性变大。因而必须综合考虑绝缘斗臂下节的金属部分对带电体的安全距离。

4. 绝缘斗用于10~35kV带电作业时，要将强电场与接地的机械金属部分隔开，绝缘斗及斗臂绝缘应有足够的耐电强度，要求与高压带电作业的绝缘工具一样，对斗臂和层间绝缘分别按周期进行耐压试验。

（三）操作绝缘斗臂车注意事项

操作绝缘斗臂车进行专业工作属于带电作业范畴，应与带电作业同样严格要求。故要求操作绝缘斗臂车的人员应熟悉带电作业的有关规定，熟练掌握绝缘斗臂车的操作技术。由于操作绝缘斗臂车直接关系高空作业人员的安全，所以，操作绝缘斗臂车的人员应经专门培训，在操作过程中，不得离开操作台，且绝缘斗臂车的发动机不得熄火，防止意外情况发生时能及时升降斗臂，以免造成压力不足，机械臂自然下降而引发作业事故。

六、低压带电作业

低压是指电压在250V及以下的电压。低压带电作业是指在不停电的低压设备或低压线路上的工作。

（一）低压设备带电作业安全规定

在低压设备上带电作业，应遵守下列规定：

1. 在带电的低压设备上工作，应使用有绝缘柄的工具，工作时应站在干燥的绝缘垫、绝缘站台或其他绝缘物上进行，严禁使用锉刀、金属尺和带有金属物的毛刷、毛掸等工具。使用有绝缘柄的工具，可以防止人体直接接触带电体；站在绝缘垫上工作，人体即使触及带电体，也不会造成触电伤害。低压带电作业时使用金属工具，金属工具可能引起相同短路或对地短路事故。

2. 在带电的低压设备上工作时，作业人员应穿长袖工作服，并戴手套和安全帽。戴手套可以防止作业时手触及带电体；戴安全帽可以防止作业过程中头部同时触及带电体及接地的金属盘架，造成头部接近短路或头部碰伤；穿长袖工作服可防止手臂同时触及带电和接地体引起短路和烧伤事故。

3. 在带电的低压盘上工作时，应采取防止相间短路和单相接地短路的绝缘隔离措施。在带电的低压盘上工作时，为防止人体或作业工具同时触及两相带电体或一相带电体与接地体，在作业前，将相与相间或相与地（盘构架）间用绝缘板隔离，以免作业过程中引起短路事故。

4. 严禁雷、雨、雪天气及 6 级以上大风天气在户外带电作业，也不应在雷电天气进行室内带电作业。雷电天气，系统容易引起雷电过电压，危及作业人员的安全，不应进行室内 外带电作业；雨雪天气，气候潮湿，不宜带电作业。

5. 在潮湿和潮气过大的室内，禁止带电作业；工作位置过于狭窄时，禁止带电作业。

6. 低压带电作业时，必须有专人监护。带电作业时由于作业场地、空间狭小，带电体之间、带电体与地之间绝缘距离小，或由于作业时的错误动作，均可能引起触电事故，因此，带电作业时，必须有专人监护；监护人应始终在工作现场，并对作业人员进行认真监护，随时纠正不正确的动作。

（二）低压线路带电作业安全规定

在 400V 三相四线制的线路上带电作业时，应遵守下列规定：

1. 上杆前应先分清火、地线，选好工作位置。在登杆前，应在地面上先分清火、地线，只有这样才能选好杆上的作业位置和角度。在地面辨别火、地线时，一般根据一些标志和排列方向、照明设备接线等进行辨认。初步确定火、地线后，可在登杆后用验电器或低压试电笔进行测试，必要时可用电压表进行测量。

2. 断开低压线路导线时，应先断开火线，后断开地线；搭接导线时，顺序应相反。三相四线制低压线路在正常情况下接有动力、照明及家电负荷。当带电断开低压线路时，如果先断开零线，则因各相负荷不平衡使该电源系统中性点会出现较大偏移电压，造成零线带电，断开时会产生电弧，因此，断开四根线均会带电断开。

3. 人体不得同时接触两根线头。带电作业时，若人体同时接触两根线头，则人体串入电路会造成人体触电伤害。

4. 高低压同杆架设，在低压带电线路上工作时，应先检查与高压线的距离，采取防止误碰带电高压线或高压设备的措施。在低压带电导线未采取绝缘措施时（裸导线），工作人员不得穿越。

5. 严禁雷、雨、雪天气及 6 级以上大风天气在户外低压线路上带电作业。

6. 低压线路带电作业，必须设专人监护，必要时设杆上专人监护。

（三）低压带电作业注意事项

1. 带电作业人员必须经过培训并考试合格，工作时不少于 2 人。

2. 严禁穿背心、短裤，穿拖鞋带电作业。

3. 带电作业使用的工具应合格，绝缘工具应试验合格。

4. 低压带电作业时，人体对地必须保持可靠的绝缘。

5. 在低压配电盘上工作，必须装设防止短路事故发生的隔离措施。

6. 只能在作业人员的一侧带电，若其他还有带电部分而又无法采取安全措施时，则必须将其他侧电源切断。

7. 带电作业时，若已接触一相火线，则要特别注意不要再接触其他火线或地线（或接地部分）。

8. 带电作业时间不宜过长。

参考文献

[1] 陈忠，黄忠，刘淑芬. 电力系统主设备监造技术与应用 [M]. 广州：华南理工大学出版社，2020.

[2] 刘天琪，李华强. 电力系统安全稳定分析与控制 [M]. 成都：四川大学出版社，2020.

[3] 杨家全，冯勇，李踔，王禹. 电力监控系统网络安全技术系列丛书电力监控系统网络安全运维技术与实践 [M]. 成都：西南交通大学出版社，2020.

[4] 王俊. 电力系统分析 [M]. 北京：中国电力出版社，2020.

[5] 刘世明，李谦，张星. 电力系统实验指导 [M]. 北京：机械工业出版社，2020.

[6] 孟祥萍，高嬿. 电力系统分析 [M]. 北京：高等教育出版社，2020.

[7] 任晓丹，刘建英. 电力系统继电保护 [M]. 北京：北京理工大学出版社，2020.

[8] 周长锁，史德明，孙庆楠. 电力系统继电保护 [M]. 北京：化学工业出版社，2020.

[9] 孔庆东. 电力系统调相调压计算 [M]. 北京：中国电力出版社，2020.

[10] 韩学山. 电力系统经济运行理论 [M]. 北京：机械工业出版社，2020.

[11] 徐晓琦，刘艳花. 现代电力系统综合实验 [M]. 武汉：华中科技大学出版社，2020.

[12] 张明君，伦淑娴，王巍. 电力系统微机保护 [M]. 北京：冶金工业出版社，2019.

[13] 张文豪. 电力系统数字仿真与实验 [M]. 上海：同济大学出版社，2019.

[14] 王耀斐，高长友，申红波. 电力系统与自动化控制 [M]. 长春：吉林科学技术出版社，2019.

[15] 陈生贵，袁旭峰. 电力系统继电保护 [M]. 重庆：重庆大学出版社，2019.

[16] 丘文千. 电力系统优化规划模型与方法 [M]. 杭州：浙江大学出版社，2019.

[17] 韩子娇，杨林，杨晓明. 电力系统网源协调知识题库 [M]. 沈阳：东北大学出版社，2019.

[18] 左丽霞，韦宝泉. 电力系统与轨道交通 ETAP 仿真技术及实践 [M]. 成都：西南交

通大学出版社，2019.

［19］谭秀炳. 铁路电力与牵引供电系统继电保护［M］. 成都：西南交通大学出版社，2019.

［20］金楠. 电力电子并网转换系统模型预测控制［M］. 北京：北京航空航天大学出版社，2019.

［21］徐林. 新一代电力系统导论［M］. 北京：中国电力出版社，2019.

［22］郭新华. 电力系统基础［M］. 成都：电子科技大学出版社，2019.

［23］万千云，赵智勇，万英. 电力系统运行技术［M］. 北京：中国电力出版社，2019.

［24］孙丽华. 电力系统分析［M］. 北京：机械工业出版社，2019.

［25］曹文玉. 电力系统分析［M］. 北京：中国电力出版社，2019.

［26］王灿，徐明. 电力系统自动装置［M］. 北京：中国电力出版社，2019.

［27］孙淑琴，李昂，李再华. 电力系统分析［M］. 北京：机械工业出版社，2019.

［28］黄文焘，邰能灵，余墨多. 船舶综合电力系统控制保护关键技术及应用［M］. 北京：科学出版社，2020.

［29］葛维春. 现代电力系统功率自动控制［M］. 北京：中国水利水电出版社，2020.

［30］林今. 新能源电力系统随机过程分析与控制［M］. 北京：科学出版社，2020.

［31］马宏伟. 风力发电系统控制原理［M］. 北京：机械工业出版社，2020.

［32］何良宇. 建筑电气工程与电力系统及自动化技术研究［M］. 北京：文化发展出版社，2020.